GARTEN DESIGN

MIT PFLANZENFORMEN UND -STRUKTUREN

NOËL KINGSBURY

GARTEN DESIGN

MIT PFLANZENFORMEN UND -STRUKTUREN

BLV

Die deutsche Bibliothek – CIP-Einheitsaufnahme

Gartendesign mit Pflanzenformen und -strukturen / Noël Kingsbury.[Übers. aus dem Engl.: Ulrike Müller-Kaspar]. – München ; Wien ; Zürich : BLV, 1997
Einheitssacht.: Dramatic effects with architectural plants <dt.>
ISBN 3-405-15285-2

BLV Verlagsgesellschaft mbH
München Wien Zürich
80797 München

Titel der englischen Originalausgabe:
Dramatic Effects with Architectural Plants
First published 1996 by Mitchell Beazley
an imprint of Reed Consumer Books Limited
Michelin House, 81 Fulham Road, London SW3 6RB

Produktionsbetreuung: Print Company Verlagsges.m.b.H., Margaretenstr. 87, 1050 Wien
Übersetzung aus dem Englischen: Ulrike Müller-Kaspar
Einbandgestaltung: Studio Schübel, München
Einbandfotos: Andrew Lawson, Stephen Robson, Steve Wooster (2)

Printed in Spain. ISBN 3-405-15285-2

INHALT

EINLEITUNG

Strukturpflanzen bilden das Grundgerüst des Gartens, seinen Rahmen, sein Skelett. Zu ihnen gehören die klassischen immergrünen Hecken aus Eiben, Stechpalmen oder Buchsbaum, aber auch exotisch anmutende Palmen und Yuccas, majestätische Leitstauden in der Rabatte oder zarte Farne, die in einer schattigen Ecke eines Moorgartens versteckt sind. Es sind immer Pflanzen von klarer, starker Form, meist auch mit schönem, interessantem Blattwerk. Immergrüne Pflanzen, die Sommer wie Winter wirken, sind als Strukturpflanzen besonders wertvoll, da sie dem Garten in Raum und Zeit Rahmen und Gerüst verleihen. Form- und Strukturelemente sind in einem Garten mindestens so wichtig wie Farben. Selbst Gärten in einem naturnahen Stil wie Bauern- oder Wildgärten profitieren von einem Rahmen, wie ihn Strukturpflanzen schaffen können.

Strukturpflanzen bieten das ganze Jahr lang Form und Substanz; Blumen sind im Garten längst nicht alles

Vielen von uns geht es in Gärten vor allem um Blüten und Farben. Doch Blüten sind kurzlebig, oft schon an einem Tag verblüht, und was gibt es im Winter außer Schnee zu sehen, falls man sich in Wind und Regen hinauswagt? Selbst im Hochsommer, wenn der Garten vor Farbe und Duft überquillt, braucht er Struktur und Form. Ohne zumindest ein paar klare oder elegante Strukturen, die Höhe bieten und einen Rahmen schaffen, droht der Garten sich in ein viel zu vages, haltloses Etwas zu verlieren. Ein Garten, der ausschließlich durch Farben beherrscht wird, wirkt unruhig und bietet zu viele optische Reize. An Grünflächen entspannt und erholt sich das Auge vor der nächsten Farbsalve. Blattwerk kann als Gegenpol zu den Blüten eingesetzt werden, sollte aber auch um seiner selbst willen geschätzt und wahrgenommen werden.

▶ Unterschätzen Sie niemals Gemüse. Gewöhnliche ausgekeimte Zwiebeln sind stilvolle Gartenpflanzen; in ganz schlichter Umgebung kommen sie am besten zur Geltung.

Farbe spielt im Garten eine so große Rolle, daß es uns schwer fällt, sich Anlagen anders vorzustellen. Eine gute Hilfe sind Schwarzweißfotos; fotografieren Sie einmal ihren Garten oder öffentliche Gärten, die Ihnen besonders gut gefallen, in Schwarzweiß. Strukturpflanzen mit ihren ausgeprägten Blättern oder Formen treten jetzt besonders stark hervor. Vergleichen Sie ein Farbfoto desselben Ausschnitts damit – Sie werden überrascht sein, wie unterschiedlich Sie die Bilder betrachten. In Schwarzweiß treten die strukturellen Elemente hervor, von denen sonst Farben ablenken, und es entlarvt, wie nichtssagend viele Pflanzen ohne ihre hervorstechendsten Eigenschaften wirken. Der optische Eindruck vieler Anlagen wird verwischt, wenn es darin zu wenig klar definierte Formen oder Strukturpflanzen gibt, die den Garten zusammenhalten, und zu viele Pflanzen mit kleinen, matten Blättern. Nach dieser Übung sehen Sie vielleicht auch, daß selbst die schönste Rabatte mit klarem Farbschema von einer solchen Analyse profitiert, was vielleicht zu der Entscheidung führt, einige bunt blühende Blumen einem Mehr an Struktur und Form zu opfern.

Lassen Sie sich nicht durch üppige Blütenfarben blenden und von den subtileren Werten eines feinen und plastischen Blattwerks ablenken

Selbst die bestgeplante Blumenrabatte hört meist im Spätherbst zu blühen auf. Was dann? Ohne Strukturpflanzen ist eine Rabatte oder eine Anlage im Winter praktisch leblos und den größten Teil des Frühlings sehr kahl. Immergrüne Pflanzen sorgen während der kalten Monate für einen Hauch von Leben im Garten, klare Formen beleben ihn mit einer eigenen Qualität. Die Formen können ein Werk der Natur sein wie bei der klaren, aufrechten Wuchsform der Zypressen und Stechpalmen oder der eleganten Nieswurz. Sie können auch künstlich entstanden sein wie bei geschnittenen Eiben und Buchsbäumen. Doch auch ohne Blätter kommen Strukturpflanzen mit ausgeprägter Gestalt, etwa große mehrjährige Disteln oder Pflanzen mit eleganten Zweigmustern wie die Südbuche (*Nothofagus*) gut

◀ **Der Kontrast zwischen den hängenden Goldregenblüten und den kugeligen Zierlauchköpfen ist spektakulär, aber kurzlebig. Die geschnittenen Buchsbaumkugeln hingegen sind das ganze Jahr präsent.**

ALLIUM · BUXUS SEMPERVIRENS · TELLIMA GRANDIFLORA

zur Geltung. Viele mehrjährige Pflanzen tragen im Winter bemerkenswerte Fruchtstände. Im weich einfallenden Licht der Wintersonne wirken sie zauberhaft, und von Rauhreif überzogen einfach phantastisch.

Auch in heißen Sommern zeigt sich der Wert der Strukturpflanzen (siehe Seite 91). Wenn auf Farben kein Verlaß ist, ist der Gartengestalter auf Blattwerk, Gestalt und Form als Arbeitsmaterial angewiesen. Kein Wunder, daß in Europa formale Gärten im Mittelmeerraum entstanden, wo es wegen der langen heißen Sommer kaum Blütenpflanzen gibt. Gartenkünstlern aus nördlicherem Klima fällt es oft schwer, die rein praktische Seite dieser Gärten, der sogenannten Italienischen Gärten, zu verstehen. Ich erinnere mich, wie mein Vater beim Anblick der von Hecken gerahmten Hügel der Boboligärten in Florenz ausrief: „Das ist doch kein Garten!" Jedoch überstehen nur gegen Trockenheit unempfindliche Sträucher und Bäume den mediterranen Sommer, und die meisten davon sind immergrün.

Blüten und Farben sind in der Natur Luxus, Blätter eine Notwendigkeit. Vielleicht sollten wir daraufhin ihre Rolle im Garten überdenken

▲ Rauhreif verwandelt wie von Zauberhand auch relativ unauffällige Pflanzen in Schönheiten. Er verstärkt und betont gleichermaßen Umriß und Details.

Schneiden oder nicht ist eine der wichtigsten und ältesten Fragen der Gartenkunst. Die formale Tradition hatte ungeheure Auswirkungen auf die Gartengeschichte; entweder die Schöpfer von Gärten entwickelten und förderten sie, oder sie lehnten sie rigoros ab und schufen völlig natürlich wirkende geplante Gärten. Heute vertreten viele Gartendesigner einen Kompromiß: Sie pflanzen unbeschnittene, natürliche Arrangements, verwenden aber gezielt einige regelmäßige Elemente als Strukturträger: geschnittene Hecken, eng gezogene Säulen, geformte Bäume und so fort. Ohne Zweifel ist die kreative Spannung, die durch das Verweben der beiden Traditionen entsteht, nicht nur sehr ansprechend, sondern auch weithin akzeptiert.

▶ *Cotoneaster horizontalis* ist ein bekanntes Gartengehölz mit einem einzigartigen Zweigmuster. Rauhreif überzieht alle Blätter mit einem weißen Rand – dadurch werden auch sie zu etwas Besonderem.

COTONEASTER HORIZONTALIS · ECHINOPS · NOTHOFAGUS

◀ Pflanzen sollte man aus der Nähe ebenso wie von Weitem betrachten. Eindrucksvoll sind oft Details von Blättern. Hier ein Ausschnitt eines Mammutblattes.

Während die Wirkung klassischer Gärten auf dem regelmäßigen Schnitt der Pflanzen in die gewünschten geometrischen Formen basiert, wird in moderneren Gärten in heißen, trockenen Gegenden ein anderer Weg gegangen. In Kalifornien verwendeten Gartenkünstler erstmals Wüsten- und Steppenpflanzen wie Yuccas und Agaven wegen ihrer auffälligen Blätter. Ihre Blüten sind zwar kurzlebig, doch ihr kühnes Blattwerk macht das mehr als wett. Sukkulenten, die in diesem Klima heimisch sind, wirken äußerst plastisch und bieten dem Gartendesigner endlose kreative Möglichkeiten.

Gartenkünstler streiten unentwegt über formale versus natürliche Gärten. In beiden sind Strukturpflanzen jedoch gleich wichtig

Damit sind wir beim wohl wichtigsten Grund für den verstärkten Einsatz von Strukturpflanzen: dem Wasserverbrauch. Die nordeuropäischen Gärten mit Rosen, Beetpflanzen, blühenden Sträuchern und grünem Rasen setzen ein recht feuchtes Klima voraus. In anderen Teilen der Welt können sie nur mit künstlicher Bewässerung erhalten werden. Es ist kein Wunder, daß die Wasservorräte in vielen Gegenden auf einen kritischen Tiefstand gesunken sind. In vielen Gebieten müssen Gärtner mit neuen Methoden schöne Gärten schaffen, ohne die kostbaren Wasserreserven anzugreifen.

Gärtner in trockenen Gegenden sollten nicht klagen, sondern dankbar sein! Sie können eine Vielzahl aufregender Strukturpflanzen einsetzen

Pflanzen zu verwenden, die in trockenem Klima gedeihen, ist ein Weg. Ein anderer ist der, Gärten um Pflanzen herum zu bauen, die ihrer Form und ihres Blattwerks wegen interessant sind. In trockenen Gegenden gibt es glücklicherweise viel mehr Strukturpflanzen als in feuchten, und dem experimentierfreudigen Gärtner eröffnet sich ein unbegrenzter Spielraum.

▲ Versuchen Sie einmal, Blüten zu vergessen. Lernen Sie, Pflanzen mit anderen Augen zu sehen, achten Sie mehr auf Details von Blättern und die Feinheiten von Fruchtständen.

Selbst in kühlerem, feuchten Klima bereiten trockene Böden den Gärtnern Probleme, zum Beispiel leichte Sandböden oder heiße, trockene Bankette. Hier lassen sich mit winterharten mediterranen Arten aufregende, pflegeleichte Pflanzungen rund um Strukturpflanzen anlegen, die mit niedrigen, hügeligen Stauden wie Zistrosen, Salbei oder Lavendel kontrastiert werden. So wird aus einer Problemzone ein Segen in Gestalt eines Gartens, der an exotische, ferne Gegenden erinnert.

Zweifellos kamen Strukturpflanzen im Laufe der Jahre in dem Maße stärker in Mode, wie die Gärtner ein Bewußtsein für Formen und Blattwerk entwickelten. Ein Auslöser war zunehmendes Interesse an Gartentraditionen, die weniger Wert auf Blütenfarben legen. Am wichtigsten waren hier klassische Japanische Gärten, besonders Anlagen in kleinen, bescheidenen Höfen. Diese haben Gartendesigner zu wunderbaren, schlichten Kreationen in schattigen Zonen rund um Gebäude inspiriert, wo sie Blattpflanzen wie Farne, Bambus und Funkien einsetzen. Die begrenzte Palette sowohl im japanischen wie im klassischen europäischen formalen Garten zwingt uns dazu, uns auf die Form der Pflanzen, die Struktur der Blätter, die Muster von Licht und Schatten, die

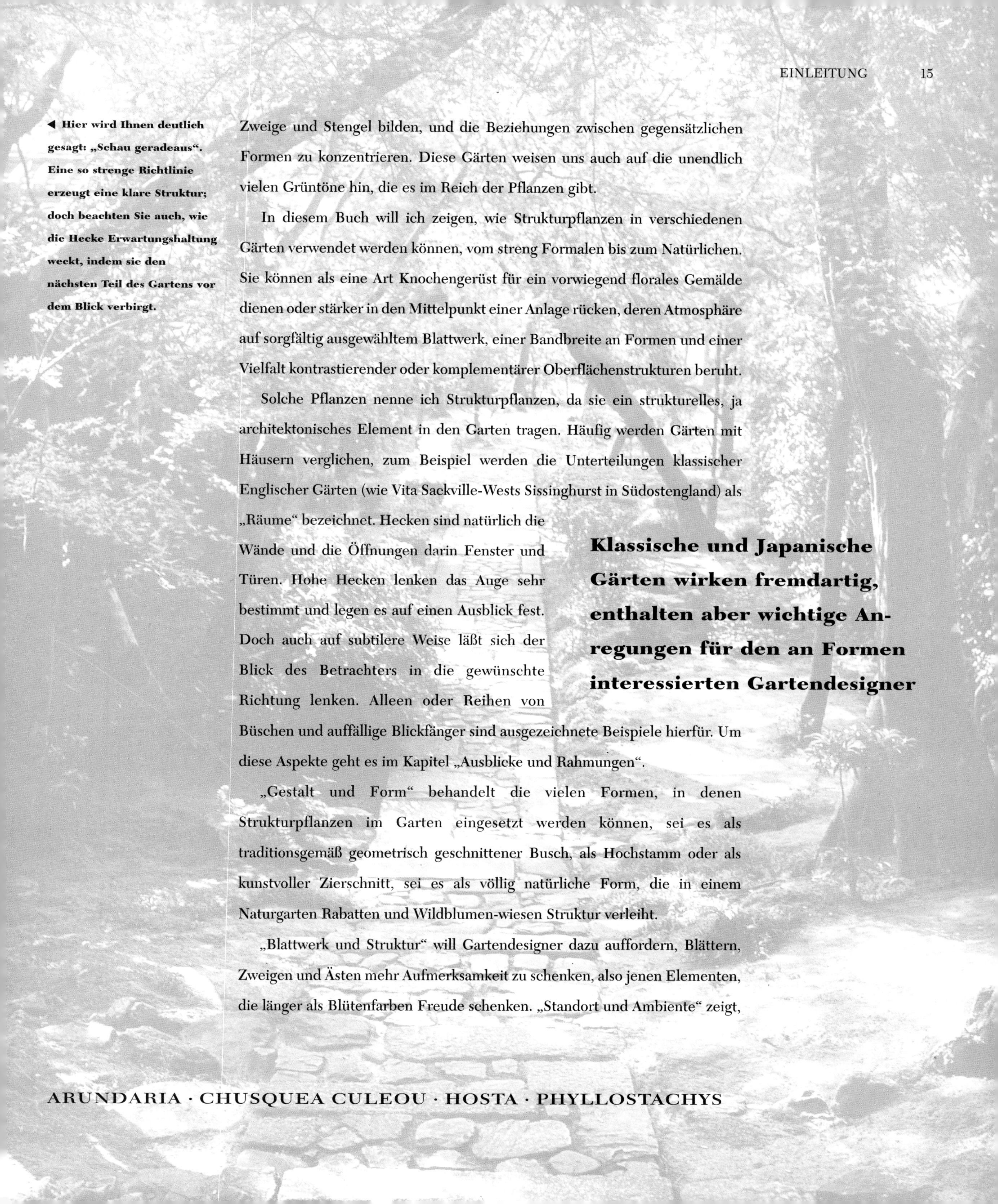

◀ **Hier wird Ihnen deutlich gesagt: „Schau geradeaus". Eine so strenge Richtlinie erzeugt eine klare Struktur; doch beachten Sie auch, wie die Hecke Erwartungshaltung weckt, indem sie den nächsten Teil des Gartens vor dem Blick verbirgt.**

Zweige und Stengel bilden, und die Beziehungen zwischen gegensätzlichen Formen zu konzentrieren. Diese Gärten weisen uns auch auf die unendlich vielen Grüntöne hin, die es im Reich der Pflanzen gibt.

In diesem Buch will ich zeigen, wie Strukturpflanzen in verschiedenen Gärten verwendet werden können, vom streng Formalen bis zum Natürlichen. Sie können als eine Art Knochengerüst für ein vorwiegend florales Gemälde dienen oder stärker in den Mittelpunkt einer Anlage rücken, deren Atmosphäre auf sorgfältig ausgewähltem Blattwerk, einer Bandbreite an Formen und einer Vielfalt kontrastierender oder komplementärer Oberflächenstrukturen beruht.

Solche Pflanzen nenne ich Strukturpflanzen, da sie ein strukturelles, ja architektonisches Element in den Garten tragen. Häufig werden Gärten mit Häusern verglichen, zum Beispiel werden die Unterteilungen klassischer Englischer Gärten (wie Vita Sackville-Wests Sissinghurst in Südostengland) als „Räume" bezeichnet. Hecken sind natürlich die Wände und die Öffnungen darin Fenster und Türen. Hohe Hecken lenken das Auge sehr bestimmt und legen es auf einen Ausblick fest. Doch auch auf subtilere Weise läßt sich der Blick des Betrachters in die gewünschte Richtung lenken. Alleen oder Reihen von Büschen und auffällige Blickfänger sind ausgezeichnete Beispiele hierfür. Um diese Aspekte geht es im Kapitel „Ausblicke und Rahmungen".

Klassische und Japanische Gärten wirken fremdartig, enthalten aber wichtige Anregungen für den an Formen interessierten Gartendesigner

„Gestalt und Form" behandelt die vielen Formen, in denen Strukturpflanzen im Garten eingesetzt werden können, sei es als traditionsgemäß geometrisch geschnittener Busch, als Hochstamm oder als kunstvoller Zierschnitt, sei es als völlig natürliche Form, die in einem Naturgarten Rabatten und Wildblumen-wiesen Struktur verleiht.

„Blattwerk und Struktur" will Gartendesigner dazu auffordern, Blättern, Zweigen und Ästen mehr Aufmerksamkeit zu schenken, also jenen Elementen, die länger als Blütenfarben Freude schenken. „Standort und Ambiente" zeigt,

ARUNDARIA · CHUSQUEA CULEOU · HOSTA · PHYLLOSTACHYS

▶ **Riesen-Bärenklau (*Heracleum mantegazzium*) ist eine der größten und schönsten Grünpflanzen. Es gibt seiner Umgebung stets Maß und Proportion.**

wie Strukturpflanzen einen bestimmten Stil verkörpern können. Ein paar völlig winterharte Pflanzen wirken tropisch oder exotisch. Sie können Ihren Garten vom Vorstadt-Hinterhof in einen Regenwald verwandeln!

Das „Pflanzenverzeichnis“ enthält die wichtigsten Strukturpflanzen, traditionelle Arten ebenso wie neue und neueste Züchtungen, von klassisch streng bis kompromißlos wild. Die meisten sind winterhart; ein paar empfindlichere Sorten wurden aufgenommen, weil sie besonders schön sind. Sie vertragen nur leichten Frost, benötigen also in kühlerem Klima Winterschutz. Oder man hält sie in Kübeln und holt sie während der kältesten Zeit ins Haus. Dieser Mehraufwand an Pflege lohnt sich. Zuletzt befaßt sich ein Anhang mit jenen Aspekten der Pflanzenpflege, die in besonderem Maße Strukturpflanzen betreffen.

Als Anregung für Sie stehen auf jeder Seite dieses Buches unten ein paar Pflanzennamen. Es sind Pflanzen, die auf dieser Seite behandelt werden. Die meisten davon finden Sie im Pflanzenverzeichnis weiter hinten. Dieser Abschnitt will den Leser mit den wichtigsten strukturell wertvollen Pflanzen vertraut machen. In vielen Fällen haben die genannten Pflanzen Verwandte, die sich genau so gut eignen, aber schwerer erhältlich sind. Dieser Teil enthält vor allem, jedoch nicht ausschließlich, zuverlässig winterharte Pflanzen. Je wärmer Ihr Klima, desto spannender ist die Bandbreite der Blattpflanzen, die Sie pflanzen können. Doch auch wenn Sie nur ein kleines geschütztes Mikroklima haben, lohnt es sich, mutig mit empfindlichen Pflanzen zu experimentieren. Kleine Spezialbaumschulen sind dabei oft hilfreicher als große Gartencenter.

Nehmen Sie sich beim nächsten Besuch im Gartencenter vor, nicht auf die Blüten zu achten. Viele Pflanzen werden Ihnen in ganz neuem Licht erscheinen

Ich hoffe, dieses Buch regt Sie an, Ihren Garten mit anderen Augen zu sehen. Auch wenn Sie sich danach noch immer als „Blumengärtner“ bezeichnen, anerkennen Sie vielleicht den Vorteil von mehr Blattwerk und fühlen sich durch die Perspektive befreit, die Strukturpflanzen eröffnen.

1 AUSBLICKE & RAHMUNGEN

Ein Garten ohne Rahmungen ist wie ein Eintopf – er schmeckt köstlich, doch Sie verschwenden keinen zweiten Blick darauf! Es kann Spaß machen, eine Anordnung herrlicher Pflanzen genauer zu betrachten, an ihnen zu riechen, ihre duftenden Blätter zu reiben, doch als Ganzes fesselt uns ein solcher Garten nicht. So wie sorgfältige Zubereitung und phantasievolle Garnierung die Freude an der Mahlzeit erhöhen, steigern ein paar Pflanzen mit klarer Form, weise verteilt, oder Hecken, die den Garten umgeben oder öffnen, unser Interesse an einem Garten.

Strukturpflanzen setzen Grenzen, psychologische oder physische, die die Art steuern, in der wir den Garten sehen. Klare Formen kanalisieren den Blick, lenken die Aufmerksamkeit an manche Stellen und von anderen weg und beeinflussen sogar, wie rasch ein Garten betrachtet wird. Die Rahmungen sind ein wesentliches Element in der formalen Gartentradition, doch in weniger strengen Gartenanlagen sind sie ebenso wichtig.

▶ Geschnittene Zypressen in der Mitte lenken den Blick gezielt auf einen Bickfang, die Palme am Ende der Allee.

AUSBLICKE IM GARTEN

SCHICKEN SIE DAS AUGE AUF ENTDECKUNGSREISE, ZEIGEN SIE IHM, WOHIN ES SEHEN SOLL

Ein Ausblick kann ein Blick aus dem Garten in die umliegende Landschaft sein oder in den Garten selbst. Jeder Gärtner will den Blick auf ganz bestimmte Teile des Gartens lenken – und vielleicht von ein paar anderen Teilen ablenken.

▲ **Geschnittene immergrüne Sträucher geben dem Garten im Winter Halt und kontrastieren gut mit zart gefrorenen Stauden.**

Am leichtesten lenken Sie den Blick ab, indem Sie den unerwünschten Ausblick schließen. Hecken, Spaliere und buschige Sträucher eignen sich hierzu ideal, vor allem immergrüne. Oft soll ja nicht nur der Komposthaufen verschwinden, vielleicht soll ein Teil des Gartens erst nach einer Kurve sichtbar werden. In der Gartenkunst geht es auch darum, den Garten schrittweise zu enthüllen und selbst in kleinsten Gärten Entdeckungen zu ermöglichen, anstatt ihn durch einen Blick erfaßbar zu machen.

Ausblicke in den Garten oder die Umgebung sollten in verführerischen Schrittchen enthüllt werden, ehe sich ihre volle Pracht zeigen. Lücken zwischen Büschen oder Fenster in einer Hecke können einen verlockenden Blick auf den dahinterliegenden Teil des Gartens freigeben und Sie erst richtig neugierig machen.

Strukturpflanzen spielen eine Schlüsselrolle dabei, wie der Betrachter den Garten von bestimmten Blickpunkten aus wahrnimmt. In klassischen formalen Gärten dienten hierzu Symmetrieachsen.

Alleen sind eine wirksame Art, eine Achse im Garten zu erzeugen, selbst eine kleine. Eine Allee muß nicht aus Bäumen bestehen; jede – am

BERGENIA · FAGUS SYLVATICA · JUNIPERUS SCOPULORUM 'SKYROCKET'

▲ Ein Loch in einer Hecke (in diesem Fall Kamelien) konzentriert den Blick wunderbar und eröffnet einen verführerischen Blick auf die Schönheiten dahinter.

immergrüne – Pflanze mit klarer Form, in regelmäßigen Abständen symmetrisch wiederholt, leistet das gleiche. Klassiker sind geschnittener Buchsbaum, Hochstamm-Lorbeer und säulenförmige Eiben. Etwas weniger streng wäre eine schlanke Wacholderart (*Juniperus scopulorum* 'Skyrocket') oder ein schmaler Strauch wie die Stechpalme, auffällig geformte Pflanzen wie Yuccas oder, in einem kleinen Garten, immergrüne Bergenien.

Ein Nachteil von Alleen ist, daß sie das Auge rasch in eine Richtung lenken und nicht dazu einladen, so viel wie möglich aufzunehmen. Das läßt sich dadurch mildern, daß man auffällig geformte Pflanzen etwas flexibler setzt und eine „geführte" oder Zick-Zack-Symmetrie erzeugt, die das Auge des Betrachters dazu einlädt, von einer Seite zur anderen zu schweifen.

DAS GERÜST DES GARTENS

SETZEN SIE ERST GRENZEN UND BAUEN SIE DANN UM SIE HERUM

Wenn wir ein Bild oder einen Teppich oder irgend etwas Schönes für das Haus kaufen, überlegen wir uns meist, wo es hinkommt. Nur ein Sammler betrachtet ein Kunstwerk isoliert. Das gleiche gilt für Gärten. Es gibt Pflanzensammler, doch ihre Gärten sind oft ein Durcheinander und für alle, die ihre Leidenschaft nicht teilen, höchst unattraktiv. Wir anderen plazieren Pflanzen mit Bezug auf ihre Umgebung, ihren Hintergrund, ihre Nachbarn, ihre Nähe zum Haus, einem sonstigen Gesichtspunkt. Wenn wir im Gartencenter einen Rosenstock betrachten, überlegen wir nicht nur, wie die Rose in den Garten paßt, wie der derzeit oder nach unserem Plan aussieht, sondern auch, wie sie in ihrer künftigen Umgebung wirkt.

Eine Hecke ist ein wesentliches Strukturelement im Garten; sie fesselt und lenkt den Blick und erzeugt zugleich physische und psychologische Grenzen

Da der optische Reiz von Strukturpflanzen länger als der von solchen Pflanzen wirkt, die nur oder vorwiegend wegen ihrer Blüten ausgewählt werden, üben sie eine größere Wirkung auf ihre Umgebung aus. Folglich können wir sie dazu verwenden, den optischen Eindruck des Gartens zu steuern; sie helfen uns, den Garten auf eine bestimmte Art zu betrachten. Manipulation ist das Zauberwort – ein geübter Designer kann wirksam steuern, wie wir einen Garten ansehen.

Zuerst und als wichtigstes kommt das Rahmenwerk. Lassen Sie uns als Gartendesigner überhaupt aus dem Garten hinaussehen? Und welche Teile sollen wir vom Hauptblickpunkt aus sehen? Hecken sind eine sehr wirksame Art der Abschirmung: Mit einer sehr hohen Hecke sperren Sie die Außenwelt aus, mit einer niedrigeren locken Sie den Blick herein und ziehen ihn ab von den Gärten der Nachbarn.

▶ Winterlicht betont das Muster der Stämme und Zweige dieser Buchenhecke – ein interessanter Gegensatz zu der schlichten Form des Umrisses.

BUXUS SEMPERVIRENS · CHAMAECYPARIS · LAVANDULA

Hecken können formlos und locker sein oder streng und architektonisch, dann erinnern sie buchstäblich an Mauern. Formlose Gärten müssen nicht auch formlose Hecken haben – Formlosigkeit wirkt meist besser in einem förmlichen Rahmen. Viele großartige Gärten verwenden hohe, geschnittene immergrüne Hecken, in kälterem Klima meist Eiben (*Taxus baccata*), in wärmerem Klima oft Zypressen (*Cupressus sempervirens*). Immergrüne Gewächse können aber langweilig sein, wenn Sie nicht etwas wollen, was das ganze Jahr gleich aussieht. Eine Alternative, die sich mit den Jahreszeiten verändert und im Winter nicht erdrückend dunkel wirkt, ist die Verwendung von Bäumen wie Buchen (*Fagus sylvatica*) oder Hainbuchen (*Carpinus betulus*).

Auch sehr niedrige Hecken bilden wirksame psychologische Grenzen; das gärtnerische Pendant zu einem dicken Strich, eine Art, „Halt“ zu sagen

Hohe Hecken dienen nicht nur zur Trennung des Gartens von der Außenwelt, sondern auch zur Abteilung unterschiedlich charakterisierter „Räume“ innerhalb des Gartens. Dieses Verfahren wurde in englischen Gärten des 20. Jahrhunderts vervollkommnet, zum Beispiel in Sissinghurst in Kent in Südostengland oder in Hidcote in Gloucestershire in Südwestengland. Auch niedrige Hecken trennen Räume voneinander, lassen das Auge jedoch freier schweifen. Buchsbaum war jahrhundertelang genau zu diesem Zweck sehr beliebt, da sein dichter Wuchs ideal ist für eine sauber geschnittene Form. Lavendel ist für noch niedrigere Hecken beliebt.

Eine Alternative ist ein hölzernes Spalier mit Kletterpflanzen. Es kann so hoch sein wie eine Hecke, aber nicht so undurchdringlich, sofern Sie nicht etwas sehr Dichtes, Wucherndes anpflanzen. Kletterpflanzen neigen dazu, wild und unkontrolliert zu wachsen, doch auf einem Spalier, besonders wenn es attraktiv und überlegt geplant ist, lassen sie sich bändigen.

Eine viktorianische Sonderform ist der efeubewachsene Zaun. Efeu klettert an einem Maschendrahtzaun hinauf und bildet eine dichte, immergrüne Hecke. Wie jede andere muß sie einmal im Jahr geschnitten werden.

◀ Auch als Umrahmung können Hecken dekorativ sein. Hier eine niedrige Buchsbaumhecke, die wirksam einen Mittelpunkt bildet.

CARPINUS BETULUS · FAGUS SYLVATICA · LAVANDULA

AKZENTE SETZEN

WENN SIE MIT DEM UNERWARTETEN ARBEITEN, IST IHNEN STÄNDIGES INTERESSE SICHER

Einigkeit dürfte darüber herrschen, daß ein flacher Garten langweilig ist – eine ganze Dimension fehlt darin. Die Schaffung von Höhe ist ein wesentlicher Teil der Gartenplanung, und Strukturpflanzen sind oft das beste Mittel dazu. Zwar herrscht kein Mangel an leicht erhältlichen Pflanzen, die Höhe erzeugen, doch die meisten brauchen auch viel Platz in der Breite. Ich denke besonders an die ausladenden Büsche, die offenbar fester Bestandteil vieler Gartencenter sind. Viel zu groß für viele Gärten, breiten sie sich formlos in alle Richtungen aus und okkupieren Platz, der nun für interessantere Pflanzen fehlt.

Stark vertikal ausgerichtete Pflanzen verbinden Erde und Himmel, Garten und Raum. Mehr als alles andere verleihen sie einem Garten Spannung

Schlanke und ranke vertikale Pflanzen, grüne und lebende Ausrufungszeichen, bieten viele Vorteile; sie liefern eine zusätzliche Dimension und lassen zugleich eine Bepflanzung bis an ihre Basis zu; ihre Wirkung steht in keinem Verhältnis zu der Menge an Platz, den sie benötigen, und sie versperren keinen Ausblick; weise eingesetzt, erzeugen sie emporstrebende Eleganz, die gleiche Verbindung zwischen Himmel und Erde wie ein Kirchturm oder ein Minarett. Und sie lassen sich im kleinsten Garten wirksam einsetzen.

Bäume oder Büsche, die natürliche Vertikalen bilden, gibt es nur wenige und vereinzelt, und für viele Gärten sind sie zu groß (wie die bekannte Lombardische Pappel, *Populus nigra* 'Italica'). Hoch aufragende Pflanzen lassen sich durch Schnitt oder Umwickeln mit Draht noch schlanker gestalten. Die Irische Säuleneibe, *Taxus baccata* 'Fastigiata', wird oft sehr erfolgreich so gezogen und läßt sich relativ klein halten.

▶ Die Italienische Zypresse *(Cupressus sempervirens)* ist unerreicht in ihren vertikalen Linien. Sie ist winterhärter als meist geglaubt wird und könnte häufiger gepflanzt werden.

CUPRESSUS SEMPERVIRENS · TAXUS BACCATA 'FASTIGIATA'

▲ **Eine ganze Reihe springender Ausrufezeichen erreicht man mit einer bekrönenden lanzettblättrigen Cordyline. Hier verstärkt ein großes, hohes Steingefäß die Vertikale.**

Die schönsten Vertikalen, die wir kennen, bilden italienische Zypressen, die im Mittelmeerraum so oft alte Häuser umstehen. Diese prachtvollen Bäume sind winterhärter als man glaubt, und sie sollten häufiger in Gegenden mit kalten, nicht zu strengen Wintern gepflanzt werden. Die verbreiteten Zypressen kühlerer Klimazonen sind weniger schlank und elegant und wirken eher spießig. Eine Ausnahme ist die Scheinzypresse *Chamaecyparis lawsoniana* 'Kilmacurragh' und in größeren Anlagen die Flußzeder, *Calocedrus decurrens*. Klare Vertikalen für kleine und auch für kalte Gärten finden sich unter den Wacholdergewächsen. Während solche Gehölze im ganzen Jahr präsent sind, gibt es auch Stauden, deren hoch aufragende Blütenstände dem Garten etwas „Himmelstrebendes" verleihen. Fingerhüte wachsen rasch und bringen an schattige Stellen einen vertikalen Zug. Die anspruchsvollere Silberkerze *Cimicifuga* liebt kühle feuchte Standorte ohne Staunässe und ist herrlich für den Frühherbst. An sonnigen Stellen leisten die etwas kürzeren und gedrungeneren Fackellilien (*Kniphofia* spp.) die gleichen Dienste. Sehr eindrucksvoll sind die Blüten der Steppenkerze, einer großen Zwiebel, die heiße, sonnige Standorte ohne Staunässe liebt.

Ein eleganter Säulenbaum verleiht dem Garten Luftigkeit, die bodennahe Bepflanzung nicht erreicht. Hochaufragende Blütenkerzen wirken ebenso

▶ Eibensäulen stehen Spalier. Gemeinsam mit den Buchsbaumhecken zu ihren Füßen rahmen sie die formloseren Beete. Solche Säulen werden am besten mit rostfreiem Draht eng gehalten.

ALS BLICKFANG: PFLANZEN

FESSELN DEN BLICK UND VERWANDELN IHN IN STAUNEN

▲ Solche Kunstfertigkeit mit der Schere weckt sofort Interesse. Spiralen sind äußerst schwierig zu schneiden. Diese Form gibt es seit römischer Zeit.

Als Blickfang dienen Pflanzen, denen Sie unwillkürlich einen ruhigen, langen Blick schenken. Optisch aufregende Arten, solche mit dramatischen Formen oder mit stachligen oder besonders großen Blättern, wirken fast immer so, ebenso wie Pflanzen, die „fehl am Platz“ sind, wie Palmen in kaltem Klima. Blickfänger lenken ab vom Komposthaufen oder dem Schrottplatz nebenan und hin zu einem grandiosen Ausblick.

▶ Allzu häufig steht das Pampasgras *(Cortaderia selloana)* in zu kleinen Vorstadtgärten. Es braucht viel Raum, um ideal zur Geltung zu kommen.

Blickfänge bilden gute Brennpunkte, sorgen für einen klaren Stop am Ende eines Weges oder einer Allee. Allerdings haben sie den Nachteil, daß sie leicht zu rasch zu viel Aufmerksamkeit auf sich lenken, dadurch Perspektiven verkürzen und die Wertschätzung des restlichen Gartens verringern. Eine dramatische Pflanze zwischen eher ruhigen Schönheiten wird diese wahrscheinlich völlig überstrahlen, und zu viele Blickfänge erzeugen ein unruhiges Bild mit zu vielen Reizen. Setzen Sie auf Ausgleich – ein Blickfang braucht als Gegengewicht reizvolle Anziehungspunkte in seiner Umgebung.

Selbst der bunteste Garten gewinnt durch dramatische Formen – durch etwas, das überraschend anders ist als seine Umgebung

Winterharte Palmen bilden erstklassige Blickfänge; in vielen kühleren Gegenden sind sie ein ungewöhnlicher Anblick, darüber hinaus erregen sie auf natürliche Weise Aufmerksamkeit. Eine gut plazierte Hanfpalme oder Zwergpalme ist ein wunderbarer Brennpunkt. Das gleiche gilt für die nur mäßig winterharten Cordylinen, Neuseeländer Hanf und Yuccas. Weniger aggressiv wirken großblättrige Pflanzen wie Feigen oder, an feuchten Standorten, das Mammutblatt, *Gunnera manicata*, oder die kleinere, aber völlig winterharte Pestwurz *(Petasites* spp.).

CORTADERIA SELLOANA · FICUS CARICA · PHORMIUM TENAX

Großblättrige Pflanzen sind meist weder immergrün noch mehrjährig, was ein kleiner Nachteil ist, abgesehen davon, daß sie leicht ungepflegt wirken. Pflanzen mit Rosetten schwertartiger Blätter verbinden in idealer Form Symmetrie mit Dramatik und sind als Brennpunkt unübertroffen. Gärtner, die Formalität und Symmetrie über alles stellen, verwenden am liebsten nichts anderes, um Akzente zu setzen. Im kalten Winterklima können nur Yuccas und Hanfpalmen (*Trachycarpus fortunei*) ständig draußen bleiben. Wegen der Bedeutung von Brennpunkten lohnt es sich, halb winterharte Pflanzen in Containern zu halten und im Winter in Sicherheit zu bringen. Zu diesem Zweck sind Agaven ideal; ihre perfekte Symmetrie ist für die klassischen Urnen, in denen sie so oft stehen, wie geschaffen und erinnert fast unweigerlich an Mittelmeer und klassische Bildung.

Der Aufmerksamkeit heischende Star kommt als Blickfang zu seinem Recht – aber lassen Sie ihn nicht in den umgebenden Pflanzen untergehen

▼ Fenchel (hier der bronzefarbene *Foeniculum vulgare* 'Purpureum') dämpft mit seiner unschätzbaren weichen, matten Struktur die Farben und Formen seiner Umgebung, die sich sonst schlagen könnten.

Auch reine Masse kann ein guter Blickfang sein, besonders in formlosen Gärten. Pampasgras (*Cortaderia selloana*) ist sehr wirksam, immergrün und sieht in einer weiten Landschaft zauberhaft aus, während es einen kleinen Garten erdrückt. Elegantere Alternativen mit mehr Klasse sind Chinaschilf, große Stauden wie Wasserdost (*Eupatorium purpureum*), Alant (*Inula* spp.), Federmohn (*Macleaya* spp.) oder die großen Verwandten der Silberdistel, Artischocken (*Cynara cardunculus*) und Akanthus (*Onopordum acanthium*). Sie überstehen auch kalte Winter.

In gewisser Hinsicht wirken alle Pflanzen mit ungewöhnlichem oder elegantem Blattwerk als Blickfang, ebenso wie alle mit klarer Form. Die auf Seite 28–31 besprochenen säulenförmigen Pflanzen ziehen die

▶ Edeldisteln sind als Strukturpflanzen äußerst wertvolle Stauden. Ihre Blüten wirken noch lange nach dem Ende der Blütezeit stachlig elegant.

CYNARA CARDUNCULUS · INULA · TRACHYCARPUS FORTUNEI

Aufmerksamkeit ganz genauso an. Hochstämme (siehe Seite 63) und kleine, relativ aufrecht wachsende Bäume sind für weniger ausgedehnte Gärten ideal. Zwergkoniferen, obgleich inzwischen Klischee des Vorstadtgartens, bilden einen guten immergrünen Blickfang, und wenn Sie auf feurige Farben verzichten, wird Ihre Wahl durchaus kultiviert wirken. Ideal sind schmale, säulenförmige Wacholder wie *Juniperus communis* 'Hibernica' oder *J. scopulorum* 'Skyrocket'. Sie wirken wie eine Miniaturausgabe der Zypresse, obgleich sie Gegenden mit heißem, trockenem Klima bevorzugen.

Haben Sie Mut zu Eleganz und Dramatik. Ein gut plazierter, herausragender Blickfang ist eindrucksvoller als lange mühevolle Gartenplanung

Ein Zierschnitt veranlaßt zuverlässig zum Hinsehen. Er muß nicht besonders kunstvoll sein; eine schlichte Säule oder klare geometrische Form hebt sich bereits von den natürlicheren Wuchsformen im Rest des Gartens ab (siehe Seite 57).

▼ Schwertförmige Blätter ragen immer heraus, sei es in strengen Anlagen, sei es, wie hier, in einer formlosen Dschungelatmosphäre. Dies ist eine zweifarbige Form von *Cordyline australis*.

Die Aufmerksamkeit des Betrachters zu fesseln ist eine Sache, doch dann stellt sich die Frage, was Sie mit seiner Aufmerksamkeit vorhaben. Ein Brennpunkt bewirkt, daß auch seine Umgebung betrachtet wird. Daher wirkt die klassische Agave in der Urne zwischen klaren Pflanzen oder ornamentalen Steinen so gut. Ein Blickfang braucht eine attraktive Bepflanzung als Gegengewicht oder muß zu einem guten Ausblick weiterleiten, vielleicht in einen anderen Teil des Gartens, den man leicht übersehen könnte.

Blickfänge sind oft enttäuschend simpel: eine klar geschnittene Form wirkt in einem Wildgarten durch den Kontrast zu ihrer Umgebung. Eine strenge Form in einem sehr formlosen Umfeld ist optisch wie auch psychologisch eine Herausforderung.

▶ Beinahe schon ein Klischee – doch es ist nicht zu leugnen: Eine Agave in einer klassischen Urne ist als Blickfang im Garten unvergleichlich.

AGAVE AMERICANA 'VARIEGATA' · CORDYLINE AUSTRALIS · MUSA BASJOO

▲ **Zierlaucharten verbinden gute Farben mit interessanter Form und vertragen sich mit fast allen Pflanzen. Sie gedeihen am besten auf warmem, steinigem Boden.**

▼ **Sich im Frühling öffnende Mammutblätter *(Gunnera manicata)* verleihen dem Sumpfgarten einen surrealistischen Zug. Geheimnisvoll künden sie von kommender Pracht.**

▲ Die glatte Rinde der Myrte *(Myrtus apiculata)* lädt offenbar zum Anfassen und Streicheln ein – daher sollte sie so gepflanzt werden, daß der Stamm zugänglich ist.

◀ Der Zierrhabarber ist eine anspruchslose, dekorative Pflanze – in kleineren Gärten wegen ihrer beträchtlichen Größe allerdings fehl am Platz.

▼ Mildes Seeklima ermöglicht bei der Gartengestaltung Experimente mit einer Vielfalt von großblättrigen, interessanten Pflanzen wie dieser Cordyline.

GEBÄUDE UND PFLANZEN

ERGÄNZEN UND VERBINDEN SIE VORGEFUNDENES NACH BELIEBEN

▲ **Feste Oberflächen wie Mauern oder Pflaster sind optisch recht fordernd. Sie können sie durch zarte, romantische Bepflanzung mildern oder klare Formen als Gegengewicht einsetzen.**

Es gibt kaum etwas, das Erhabenheit so beredt verkörpert wie ein barockes oder klassizistisches Gebäude in klassischen regelmäßigen Gartenanlagen. Wenn Sie auf historische Gartenstile Bezug nehmen, müssen Sie sie nicht sklavisch imitieren. Elemente wie hie und da ein geschnittener Busch helfen bereits, ein Stilhaus mit dem Garten zu verbinden.

Häuser, gleich welcher Periode, sind nie isoliert von den Gärten, die sie umgeben. Doch auch wenn Sie nicht finden, daß das Haus einen bestimmten Gartenstil verlangt, ist die unmittelbare Umgebung des Gebäudes zu gestalten, stößt Gemäuer auf Garten, verlangt Pflaster nach ein wenig Grün. Häuser bilden für Pflanzen Probleme, da sie entweder Schatten werfen oder Hitze abstrahlen, während ihre Fundamente die Wurzeln stören.

Die Begegnung von Haus und Garten bietet Gelegenheit zu einfühlsamer Bepflanzung in einem sanften Übergang von Ziegel zu Zweig und Blatt

Ideen zum Kaschieren des Mauerfußes finden Sie im Abschnitt über immergrüne Pflanzen (Seite 82). Auch vertraute Arten wie Eiben oder Buchsbaum erhalten durch einen Schnitt neues, kunstvolles Leben. Während Bepflanzung vor der Mauer die Grenze zwischen Haus und Garten verschleiert, binden Kletterpflanzen die Architektur aktiver in den Garten ein. Kletterer, die sich dicht an die Mauern anlegen wie Wilder Wein und Efeu wirken am gepflegtesten.

CEANOTHUS · MAGNOLIA GRANDIFLORA · PARTHENOCISSUS

Für die Pflanzung rund ums Haus müssen Arten ausgewählt werden, die unter den besonderen Bedingungen an Mauern gedeihen. Eine sonnenseitige Mauer ist ein unwirtlich heißer, trockener Platz, kann aber ideal für einen empfindlichen Busch sein, der vom Schutz der Mauer profitiert und die abgestrahlte Hitze genießt. Solche Büsche können viel Platz einnehmen, doch man kann sie in Form schneiden und als grüne Pfeiler Haus und Garten verbinden lassen. Ideal sind Arten der Säckelblume, die im Frühsommer tiefblau blühen, besonders *Ceanothus impressus* oder *C. thrysifolius* mit glänzendem dunkelgrünem Laub. An geschützten Mauern gedeihen noch exotischere Sträucher wie Akazien oder großblättrige Magnolien wie *Magnolia grandiflora*. Ein Mauerstrauch, der an zugigen wie an warmen Mauern gedeiht, ist Feuerdorn. Er kann als Pfeiler, Säule und Bogen beschnitten werden und das Gebäude ergänzen, an dem er wächst.

Das entgegengesetzte Problem stellt die schattige, kalte Mauer dar. Schattenliebende Pflanzen wie Farne oder Funkien können hier die Lösung sein, besonders aber immergrüne. Ein trockener, schuttreicher Boden kann ein weiteres Problem darstellen; hier sind Pflanzen zu wählen, die trockeneren Schatten vertragen, wie Riedgras, Seggen (*Carex pendula*), Wolfsmilch (*Euphorbia robbiae*) und Schildfarne.

▶ Ein Fachwerkhaus verlangt förmlich nach einem Bauerngarten voller Pastellfarben, doch wenn Sie gelegentlich eine Vertikale einbauen, erhält der Garten Struktur und Tiefe.

2 GESTALT & FORM

Manche Pflanzen haben eine so klare Form, daß sie fast von einem Zeichenbrett gesprungen sein könnten; andere sind in ihren Wuchsformen so undiszipliniert, daß es ihre Absicht zu sein scheint, ordnungsliebende Gärtner zu ärgern. Die ersteren geben Ihrem Garten mit wenig Aufwand Struktur – selbst eine zufällige Verteilung verleiht noch etwas „Rückgrat". Doch selbst unordentlich wachsende Pflanzen lassen sich mit etwas Aufwand formen; sorgfältiger Schnitt kann auch sie in Strukturpflanzen verwandeln. Die Verbindung verschiedener Formen, natürlicher oder künstlicher, ist ein wesentlicher Teil der Gartengestaltung – wir müssen das Endergebnis harmonisch und interessant finden.

Die klassische, formale und die japanische Tradition basieren weitgehend auf der Kombination verschiedener Formen, und oft sind diese stark manipuliert. Durch die unterschiedlichen Wuchsformen vieler verschiedener Pflanzen ist eine etwas natürlichere Interpretation dieser Aufgabe durchaus möglich.

▶ Das Ergebnis von sehr viel kunstvoller Arbeit mit der Heckenschere! In einem regelmäßigen Garten tritt bereits die geringste Abweichung hervor.

ELEGANZ UND GRAZIE

AUFRECHT, GESCHWUNGEN UND ELEGANT: PFLANZEN BRINGEN KULTIVIERTHEIT INS BILD

Eleganz: schwer zu definieren, doch wir wissen alle, was gemeint ist, wenn wir sie vor uns haben. Die schlanke Römische Zypresse hat sie, Bambus meist auch, manche Kiefernarten haben sie: ältere Gemeine Kiefern *(Pinus sylvestris)* oder Mädchenkiefern *(P. parviflora)*, die an Weiden erinnern. Frauenmantel, diese verbreitete Gartenstaude, mag zunächst recht reizlos wirken, doch betrachten Sie ihre Blätter einmal genauer, die vollendeten Proportionen, ihre gefällig gezackte Form und die Art, wie das Regenwasser in silbrigen Bächen von ihnen abläuft wie Quecksilber. Das, so glaube ich, ist Eleganz.

Was elegant ist, liegt im Ermessen des Betrachters. Was für den einen der Gipfel an Eleganz, kann auf den anderen plump wirken. Dennoch wird manchen Pflanzen diese Eigenheit übereinstimmend zugesprochen. Japaner haben vielleicht das feinste Gespür für Eleganz, und sie wählten ursprünglich viele reizvolle Pflanzen in unseren Gärten zur Zucht aus: Bambus, Farne, Ginkgo und der langsam wachsende Ahorn, *Acer palmatum*, mit fein geschnittenen Blättern, dessen Äste im Laufe der Jahre ein interessantes Zickzackmuster ausbilden.

Schwer definierbar, ist Eleganz eine Qualität, die der Besucher aus einem wohl durchdachten Garten mitnimmt

Die Form der Äste tritt im Winter besonders klar hervor. Hervorzuheben sind Hartriegel, *Cornus controversa*, mit seinen wie bei einer Hochzeitstorte geschichteten Zweigen, und die Südbuchen *Nothofagus antarctica* und *N. dombeyi* mit ihren gepflegt angeordneten Ästen und Zweigen. Plastische, offene Muster bilden auch die immergrünen Erdbeerbäume, Eukalyptusarten und Kiefern.

▶ Von Grund auf elegant, entwickelt ein älterer Japanischer Ahorn eine charakteristische Zickzackform der Äste, als Ergänzung zu den fein geschnittenen, handförmigen Blättern.

ACER PALMATUM · CORNUS CONTROVERSA · NOTHOFAGUS

◀ Pampasgras mag zwar eine wirre Masse sein, doch es besitzt fraglos Anmut, besonders wenn sich das Sonnenlicht in den federigen Blüten fängt.

Plastisch und nicht elegant, wäre die beste Beschreibung für Pflanzen mit extrem nicht-linearen Zweigformen: Korkenzieherbäume, von denen die Haselnußart *Corylus avellana* 'Contorta' und die Korkenzieherweide *Salix babylonica* 'Tortuosa' die bekanntesten sind. Ihre eigenwillig gedrehten Zweige sind nicht jedermanns Sache; doch unbestritten sind ihre zartgelben Kätzchen im ersten Frühjahr ein anmutiger Anblick.

Bambus und manche größeren Gräser sind besonders geeignet, einem Garten einen Hauch von Eleganz zu verleihen – durch die Art, wie sich die Stiele sanft zur Spitze neigen, wie die Blätter hängen und wie sie sich im leisesten Windhauch bewegen. Bambus ist in unserem Bewußtsein unauslöschlich mit dem Orient verbunden, sein Anblick in einem Garten läßt den Besucher nach kleinen geschwungenen Brücken, Laternen und anderen chinesischen Klischees suchen. Das ist ein Jammer; er ist so eine schöne Pflanze, daß er es verdiente, in vielen verschiedenen Umgebungen gepflanzt zu werden.

In kleinerem Maßstab hat Eleganz weniger mit der Gesamtform der Pflanze zu tun als mit Form und Proportion der Blätter. Die hellgrünen Blüten des Frauenmantels *Alchemilla mollis* werden nie den Charme seiner Blätter überschatten; dies ist typisch für die besten Blattpflanzen – auch Federmohn und *Melianthus major* haben eher langweilige Blüten. Schattige Ecken, im Hof oder neben Türen an sonnenlosen Mauern, sind Plätze, wo man die schönsten Blattformen kombinieren kann und auch Farne und Waldpflanzen einsetzen kann (siehe Seite 100). Im sanften Licht und ohne farbenprächtige Blüten können wir uns auf ihre wahre Schönheit konzentrieren. Wiesen- und Riedgräser sind äußerst elegante und stark unterbewertete Pflanzen. Sie sind besonders geeignet, einer Pflanzung Weichheit zu verleihen, und die geschwungenen Blüten- und Fruchtstände der meisten Arten sorgen für Anmut und Feinheit.

Eleganz und Grazie sind stets erstrebenswert. Sie verleihen einer Anlage subtil Struktur

ALCHEMILLA MOLLIS · CORYLUS AVELLANA 'CONTORTA' · MELIANTHUS MAJOR

DIE PSYCHOLOGIE DER GESTALT

DIE FORM DER PFLANZEN BESTIMMT DIE STIMMUNG IHRES GARTENS

Gartengestaltung ist angewandte Psychologie; die Umgebung beeinflußt Gefühle des Benutzers oder Besuchers, entspannt ihn, regt ihn an oder versetzt ihn in eine andere Welt. So wie Farben unsere Stimmung beeinflussen – Rot wirkt aktiv, Blau kühlend, Rosa weich entspannt – tun es auch Formen. Bestimmte Formen im Garten erzeugen oder verstärken eine bestimmte Stimmung, besonders in Verbindung mit Farbe und Raum. Natürlich gibt es hierbei kein Richtig oder Falsch; Sie persönlich sollen sich mit dem Ergebnis wohl fühlen.

Erzeugen Sie die gewünschte Stimmung mit Formen, von schwertartig und dramatisch bis weich und beruhigend oder streng geometrisch abstrakt

Pflanzen mit klaren Umrissen wirken viel stärker auf das Auge als solche, deren Umriß wir nicht bezeichnen können, oder als amorphe Pflanzen, deren Wuchsform am Rand wie ausgefranst erscheint. Ein Garten voller Pflanzen mit unspezifischem, losem Wuchs kann als vage und formlos gedeutet werden. In einem Wildgarten stört das nicht, doch in den meisten Rabatten sehr wohl. Ein paar klare Formen üben eine ungeheure Wirkung auf den Charakter der Anlage aus. Die allgegenwärtige Zwergkonifere ließe sich originell mit Zier- und Riedgräsern oder immergrünen Bodendeckern wie Stachelnüßchen *(Acaena)* und Taubnesseln verbinden. Die Farbpalette von Zwergkoniferen ist die gleiche wie die von immergrünen Neuseeländischen Seggen *(Carex testacea* oder *C. comans*), und auch ihre Bedürfnisse sind ähnlich, was sie zu idealen Pflanznachbarn macht.

Viele Leute glauben, „Strukturpflanzen“ haben dramatische und eindrucksvolle Formen wie Yuccas oder Palmen. Schwertförmige Blätter

▶ An Schachfiguren erinnern solche klassischen Zierschnitte; in ihnen verbinden sich offensichtliches Können mit Einfachheit zu größter Wirkung.

CAREX TESTACEA · IRIS · TAXUS BACCATA · YUCCA

wie bei Yuccas und Irisarten wirken auf die meisten Menschen dynamisch und unruhig, vielleicht auch aggressiv (besonders wenn Sie sich einmal an einer Yucca gestochen haben). Auch strahlenförmiges Blattwerk wie die gefalteten Fächer von Palmen oder die Rosetten von Neuseeländer Flachs vermittelt den Eindruck von Bewegung. Viele dieser Pflanzen vertragen keine strengen Winter; falls Sie in mildem Klima leben, können Sie sie mit weiteren entschieden plastischen Pflanzen kombinieren, die unter diesen Bedingungen gedeihen: Agaven, Aloen, Echeverien und Feigen-Kakteen wie *Opuntia phaeacantha*. Eine Kombination klarer, starker Formen kann das Auge leicht überfordern, besonders, wenn auch noch helle Farben hinzukommen. In Gegenden mit starkem Sonnenlicht sind helle Farben kein Problem, wo aber graue Himmel vorherrschen, wirken sie als Kontrast überwältigend.

Die Kombination mehrerer Formen ist so wirkungsvoll wie die Kombination mehrerer Farben, doch die Freude am Ergebnis hält länger an

Eine Verringerung der Gegensätze durch die Konzentration auf eine Form ist ein Weg, einen Garten ruhiger wirken zu lassen. Runde Formen wirken besonders beruhigend; die kugeligen Formen, die durch regelmäßigen Schnitt von Sträuchern erzeugt werden, machen einen sanft plastischen, kuscheligen, ja fast komischen Eindruck. Manche Pflanzen wachsen von Natur aus als fast perfekte Kugeln, zumindest sofern sie nicht von Nachbarn bedrängt oder durch eine starke, einzelne Lichtquelle beeinflußt werden. Die *Hebe* 'Boughton Dome' ist ein solcher Fall. Sie bildet langsam eine freundliche immergrüne Kuppel, die im Sommer mit kleinen weißen Blüten gesprenkelt ist.

Auch mehrjährige Stauden haben bemerkenswerte Formen; sie mögen zwar nicht so klar definiert sein wie bei Bäumen und Sträuchern, doch wuchern keineswegs alle unordentlich. Dadurch, daß sie nicht immer vorhanden sind, schwankt ihre Form im Laufe des Jahres. Aufragende Disteln, Königskerzen und Edeldisteln bilden einen schönen Kontrast zu weichen, hügelbildenden Gräsern und winterharten Storchschnäbeln oder ordentlichen Funkien.

◀ Lanzettblättrige Yuccas sehen in Terrakottatöpfen immer gut aus. Gemeinsam erzeugen sie einen Hauch von Mittelmeer.

AGAVE · HEBE 'BOUGHTON DOME' · OPUNTIA PHAEACANTHA · PHORMIUM

ZÄHMUNG DER WIDERSPENSTIGEN

BRINGEN SIE ORDNUNG IN UNORDENTLICHE PFLANZEN

Wie oft kaufen wir einen Busch wegen einer Eigenschaft, meist wegen seiner Blüten, und dann sinkt er in unserer Wertschätzung, wegen seiner armseligen Form, weil er seine Nachbarn unordentlich überwuchert oder eine Pflanzengruppe beherrscht? Forsythien zum Beispiel, die wir wegen ihrer Blüten im Frühling lieben, die graue Tage aufhellen, sind die übrige Zeit des Jahres eine Masse formloser Zweige und wuchernder Blätter. In einem großen Garten kann man sie hinter später blühenden Pflanzen verstecken, doch in einem kleinen Garten sind wir ziemlich hilflos.

▼ „Pleaching" ist die Kunst, eine Hecke so zu schneiden, daß die Stämme sichtbar sind. Hier bildet eine zweite niedrigere Hecke eine feste Rückwand.

Ein Ausweg ist, solche unpraktischen Wucherer durch Ziehen und Schnitt zu bändigen. Sie werden niemals den ersten Preis unter den Strukturpflanzen bekommen, doch sie können länger eine positivere Rolle im Garten spielen, wenn sie kontrolliert werden. Praktisch alle Sträucher lassen sich irgendwie in Form bringen, manchmal wird nur Ordnung gemacht, manchmal ist das Ergebnis etwas plastischer. Ehe Sie anfangen, konsultieren Sie ein Handbuch, denn ein Schnitt zur falschen Zeit kann die Blüte verhindern (siehe Seite 141). Viele, auch Forsythien, lassen sich zu Hochstämmen (siehe Seite 63) oder, weniger anspruchsvoll, an Mauern oder Zäunen ziehen (siehe Seite 141).

Eine Sache ist es, eine Gehölz durch klugen Schnitt zu bändigen, etwas ganz anderes, es regelrecht zu einer Kunsthecke oder einer Zierschnittplastik zu modellieren, wie traditionell Buchsbaum, Eiben, Hainbuchen und viele andere. Theoretisch ist das mit jedem Baum oder Strauch möglich, doch in der Praxis wird das Ergebnis umso zufriedenstellender sein, je dichter die Pflanze wächst. Langsam wachsende Arten eignen sich meist besser und machen vor allem weniger Arbeit. Gärtner könnten viel mehr Bäume oder Büsche in Form schneiden und sollten ruhig mit anderen als den traditionellen Arten experimentieren. Ein Gartendesigner, den ich kenne, hat die beliebte, doch meist verwahrloste Weidenblättrige Birne, *Pyrus salicifolia* 'Pendula', zu Pfeilern geschnitten – sehr architektonisch und wirkungsvoll. Solche plastischen Möglichkeiten lösen wirksam das Problem, was mit Sträuchern zu tun sei, die in kleinen Gärten zu groß werden. Sie mögen etwas weniger blühen, doch in ihrer neuen Form kommen sie das ganze Jahr plastisch zur Wirkung.

Lassen Sie sich durch eine undisziplinierte Pflanze nicht schrecken: Geeigneter Schnitt kann ihren Reiz erhöhen, besonders in kleineren Gärten

Dem phantasievollen Gärtner bieten sich zahllose Möglichkeiten; die große Mehrheit geschnittener Bäume greift traditionelle Formen auf – doch probieren Sie einmal etwas anderes aus! Moderne, fließende Formen könnten ein Echo zu den natürlichen Elementen des Gartens bilden.

FAGUS SYLVATICA · FORSYTHIA · PYRUS SALICIFOLIA · TILIA

ZIERSCHNITT EINE KUNSTFORM

GESCHNITTENE PFLANZEN VON IMPOSANT BIS WITZIG

Der Zierschnitt ist eine sehr alte gärtnerische Technik und mindestens seit römischer Zeit bekannt. Er ist nach wie vor umstritten, und seine Beliebtheit erlebte im Laufe der Jahrhunderte dramatische Höhe- und Tiefpunkte. Seine Blütezeit war im sechzehnten und siebzehnten Jahrhundert, doch im achtzehnten Jahrhundert wurde im Drang „Zurück zur Natur" viel zerstört. In Spanien, Italien und Frankreich blieb der Zierschnitt ungebrochen beliebt. Vielerorts wuchs im neunzehnten Jahrhundert neues Interesse an dieser Kunstform, das bis heute anhält.

Diese besonders extreme Form regelmäßiger Gartenanlagen trägt einen Hauch von Versailles oder Landhaus-Charme in jeden Garten

Zierschnitt ist hochgradig „architektonisch", und auch wenn wir ihn mit einem sehr formalen Gartenstil verbinden, muß das nicht so sein. Wer Zierschnitte als „unnatürlich" ablehnt, möge an Gärten denken, in denen sie bei Wildblumen-Wiesen stehen oder chaotische Rabatten in Bauerngärten akzentuieren. Die Spannung dieser Gegensätze ist meiner Ansicht nach so kreativ wie nur denkbar. Hecken und Zierschnitte lassen einen Naturgarten geplant wirken und nicht nur so, als hätten Sie vergessen, den Rasen zu mähen, während natürlicher Wuchs die Aufmerksamkeit auf die Kunstfertigkeit hinter den vereinzelten Zierschnittformen lenkt. Ein paar ausgesuchte Formen in einem Garten können ungeheuer viel dazu beitragen, ihm Struktur zu verleihen.

Traditionell verwendet man für Zierschnitte Buchsbaum oder Eiben und in wärmerem Klima die Römische Zypresse (*Cupressus sempervirens*). Diese Bäume wachsen relativ langsam und bilden dichte Zweige, die sich für komplizierte Schnittformen anbieten. Buchsbaum wächst sehr langsam, ist daher ideal für niedrige Formen und Plastiken. Eibe wächst schneller und ist

◀ Eine ältere, geschnittene Eibe verbindet auf interessante Weise Geometrie und plastisches, knorriges Astwerk.

BUXUS SEMPERVIRENS · CUPRESSUS SEMPERVIRENS · TAXUS BACCATA

▶ Vögel und Tiere aus Eiben zu schneiden, ist eine alte Tradition. Dem Garten eines älteren Hauses verleiht es eine gewisse Patina, doch in moderneren Anlagen kann es eigenartig wirken.

vielleicht das ideale Material für den ehrgeizigen Gärtner. Die Zypresse verträgt heiße trockene Sommer besser und eignet sich für sehr kunstvolle Formen, hat aber den Nachteil, daß ihre Zweige stark aufwärts federn. Stechpalmen eignen sich gut, besonders *Ilex crenata*, in Japan der traditionelle Zierschnittbaum. Schnellere Resultate bringen rascher, doch dicht wachsende Heckenkirschen (*Lonicera nitida*) oder Lebensbäume (*Thuja plicata*). Sie benötigen häufiger einen Schnitt als die traditionellen Pflanzen.

Großartig an Zierschnitten ist ihre Vielfalt. Der Gärtner ist kaum auf die Wuchsform der Pflanze angewiesen und kann jede angestrebte Form realisieren. Zierschnitte in Privatgärten (im Unterschied zu großen staatlichen Anlagen) zeigen die Bandbreite der Vielfalt: Kaninchen, Pfauen und so weiter. Der Gedanke an diese und an die viele damit verbundene Arbeit erfüllt sicher viele Leser mit Grauen, doch sie zeigen die Möglichkeiten auf. Der moderne Gärtner kann vielleicht mit abstrakten Formen arbeiten, die sich auch leichter pflegen lassen.

Obelisken, Kegel, stilisierte Vögel oder witzige Schafe – Zierschnitt gibt dem Garten die besondere Note

Pflanzen lassen sich in gerade Linien und architektonische Formen schneiden, wie sie mit keinem anderen lebenden Material erzeugt werden können. Kein Wunder, daß Zierschnitte als Ergänzung zur Architektur stets beliebt waren und eine großartige Erweiterung des Mauerwerks bildeten. Noble Gebäude aller Art werden durch geschnittene Hecken und Zierbäume aufgewertet, die nicht unbedingt der symmetrischen Tradition verhaftet sein müssen. Die abstrakten Formen, die in solchen Gärten verwendet werden, sind recht leicht zu bilden: Säulen, Kugeln, Pyramiden.

Komplizierter sind die repräsentativen Figuren, die sich oft rings um Landhäuser finden. Sie verlangen oft ein gehöriges Maß an Kunstfertigkeit und viele Jahre Geduld und können am Schluß immer ein wenig komisch wirken. Aber vielleicht ist gerade dieser Zug von Humor einer der größten Trümpfe der Zierschnitte.

ILEX CRENATA · LONICERA NITIDA · THUJA PLICATA

DIE PARADE DER HOCHSTÄMME

DIESE KREATIONEN MACHEN DAS BESTE AUS EINEM IDEAL

◀ Viele Bäume und Sträucher lassen sich als Hochstamm ziehen. Unordentlich wachsende Pflanzen wie Forsythien lohnen die Mühe ganz besonders.

Hochstämme sind ein Kernstück klassischer, regelmäßiger Gartenanlagen. Sie sind nicht unumstritten, da viele Gärtner finden, daß sie künstlich aussehen, besonders, wenn sie in Massen auftreten. Doch sparsam eingesetzt, können sie in verschiedenen Szenarios wirkungsvoll sein.

Ein Hochstamm ist ein Baum, oder meist ein Strauch, der normalerweise mehrere Stämme bildet, doch als Einzelstamm gezogen wurde. In der klassischen Tradition wird die Krone geschnitten, so daß das Ergebnis geometrisch ist. Man wählt den stärksten Stamm aus, entfernt alle anderen und die Seitentriebe bis auf eine Krone in der gewünschten Höhe (siehe Seite 141). Es gibt auch Pfropfreise, eine wesentlich künstlichere Form des Hochstamms. Dabei werden buschige Sträucher auf die geraden Stämme einer anderen, verwandten Art gepfropft. Bei Rosen ist das üblich, doch Gartencenter bieten noch viele andere als Neuheiten an.

Hochstämme sind etwas Besonderes: Einzeln oder als Gruppe überraschen und erfreuen sie das Auge

Als Beetmittelpunkt zwischen Kräutern oder niedrigen Stauden, gerahmt von einer Buchsbaumhecke, kommen Hochstämme ideal zur Geltung. In sehr formalen Gärten werden Hochstämme oft in Reihen gepflanzt, deren Wirkung von der Einheitlichkeit der Bäume in Größe und Form abhängt.

In kühlerem Klima sind Stechpalmen und Eiben häufige Hochstämme. Lorbeer ist als Miniatur-Hochstamm sehr beliebt, besonders als Kübelpflanze, und auch holzige Kletterer wie Blauregen und Geißblatt sind geeignet, wenn sie gestützt werden, bis der Stamm stark genug ist, die Krone selbst zu tragen. In wärmerem Klima sind Orangenbäumchen häufig; ihre hellen Früchte kommen vor den dunkel glänzenden Blättern sehr eindrucksvoll zur Geltung.

CITRUS · LAURUS NOBILIS · LONICERA NITIDA · WISTERIA

SCHÖNHEIT IM TOD

SILHOUETTEN GEFRORENER FRUCHTSTÄNDE VERZAUBERN EINE GANZE WINTERWELT

▲ Gefroren und bald vergangen; der Rauhreif, der diese Hundskamillenblüten verzaubert, ist zugleich ihr Schwanengesang.

Die schlechteste Zeit im Garten ist wohl der Spätherbst; die Blumen sind verblüht, der Frühling ist in weiter Ferne, die Blätter liegen am Boden, und die Beeren wurden von den Vögeln schnell gefressen. Wenn Sie die abgestorbenen Stengel und Fruchtstände der Sommerstauden nicht wegschneiden, können Sie jetzt ihre subtile Schönheit genießen.

Einmal abgestorben und in ausgebleichten Braun und Gelb, lassen sich die Reste der Stauden als reine Form wahrnehmen, zarte Blätter und Gräser dicht bei stachligen oder kugeligen Fruchtständen. Ziergräser werden jetzt wegen der Formenvielfalt ihrer Fruchtstände geschätzt.

Während Blätter aufweichen und abfallen, sind Fruchtstände härter und widerstandsfähiger. Ihre Formen treten mit fortschreitendem Winter immer mehr hervor, von den gebündelten Vertikalen von Pflanzen wie Ehrenpreis (*Veronica longifolia*) und *Veronicastrum virginicum* zu den flachen, runden Köpfen der Garben (*Achillea*). Sehr wertvoll sind auch die festen, kugeligen Köpfe der Korbblütler und Kardengewächse (Compositae und Dipsacaceae).

Die runden Köpfe der Kugeldistel oder ähnlich geformten Edeldisteln (*Eryngium*) sind ideal, und die ovalen Fruchtstände der Karde (*Dipsacus sylvestris*) überleben bis ins kommende Jahr. Auch Pflanzen wie der große Schlafmohn mit seinen dekorativen Samenkapseln sind wertvoll.

Kalter Frost, in dem die Stengel der Stauden regelrecht durchfrieren, sorgt für längere Freude als anhaltender Regen, der alles durchweicht. Doch auch wenn Herbststürme die Wirkung schmälern, sollten wir den Rückschnitt bis zum Spätwinter verschieben, da Stauden- und Grassamen eine wertvolle Nahrungsquelle für körnerfressende Vögel sind.

▶ Edeldisteln (Mannstreu) sind im Winter besonders dramatisch. Die meisten haben harte Blätter, die schlechtem Wetter gut standhalten.

DIPSACUS SYLVESTRIS · ERYNGIUM · VERONICA LONGIFOLIA

3 BLATTWERK & STRUKTUR

Blüten mögen noch so kurzlebig sein, dennoch gilt ihnen fast alle Aufmerksamkeit, was dem Rest der Pflanzen gegenüber höchst unfair ist. Die meisten von uns lassen sich zu leicht vom Sirenengesang bunter, doch kurzlebiger Blüten verführen und ignorieren die Möglichkeiten der Blätter (und Stiele, Stämme und Rinde). Blattwerk hat viel länger Saison, und es erscheint zuverlässiger als Blüten.

In einem kleinen Garten oder dem Kerngebiet größerer Grundstücke ist das ein großer Vorteil. Wenn wir sie planen, sollten wir zuerst an Blattwerk denken und erst in zweiter Linie an Blüten. Blätter – und in gewissem Maß auch Blüten – sind Träger der Struktur, der Gesamtwirkung einer Pflanze. Eine Pflanze kann glänzend oder matt wirken, hart oder weich, großflächig mit breiten Blättern und prallen Blütentrauben oder kleinteilig mit schmalen Blättern und zarten Blüten. All dies bestimmt, wie wir den Garten auf den ersten Blick wahrnehmen.

▶ Zierrhabarber liebt feuchte Standorte, ist aber anspruchslos genug für die meisten Böden. Großartig kommt er zur Geltung, wenn er nicht von anderen Pflanzen umgeben ist.

BLATTWERK DIE HAUPTSACHE

BLÄTTER SIND DAS HERZSTÜCK JEDER GESTALTUNG

Blattwerk läßt sich wie Blumen auf mehreren Ebenen wahrnehmen. Aus der Nähe sind Feinheiten der Aderung, Form und Oberflächenstruktur wichtig. Aus der Distanz tritt der Charakter des einzelnen Blattes hinter der Gesamtwirkung von hunderten oder tausenden Blättern auf den Garten zurück. Blätter *en masse* besitzen eine optische Struktur; sie spiegeln das Licht auf verschiedene Weise. Diese Struktur ist der Hintergrund für den Rest des Gartens.

Blattwerk ist viel beständiger als Blüten; verwenden Sie also mindestens ebenso viel Zeit und Sorgfalt auf seine Auswahl

Blätter gibt es in vielen Formen, Größen und Farben. Pflanzen aus trockenen Gegenden haben oft sehr spitze oder plastisch fleischige Blätter. Kühlere trockene Lebensräume beherbergen Arten mit sehr kleinen grünen oder haarigen grauen Blättern. An kalten, windigen Plätzen wachsen oft Pflanzen mit drahtigen Stielen und Massen feiner, bisweilen schuppiger Blätter wie Heidekraut. In geschützter, feuchter Umgebung hebt das Blattwerk förmlich ab, Blätter werden in dieser Feuchtigkeit und Fruchtbarkeit zur Pracht.

Beim Entwerfen eines Gartens werden Blumen oft mit größter Sorgfalt zusammengestellt und die Blätter völlig vergessen. Dabei kann ein guter Laubkontrast mindestens das halbe Jahr lang anregend wirken. Eine Rabatte ohne sorgfältig ausgewähltes Blattwerk ist nach dem Abblühen langweilig. Andererseits wirkt eine mit allen erdenklichen Blattformen bepackte Rabatte leicht unruhig und nervös. Wie immer im Leben gibt es einen goldenen Mittelweg. Ebenso wie eine Rabatte mit allen Blüten der Farbpalette eher überladen ist, ist es auch beim Blattwerk wirkungsvoller, aus der Vielfalt eine beschränkte Zahl an Schattierungen und Formen auszuwählen.

◀ Die Blätter der Königskerzen und Blautannen bieten in jeder denkbaren Hinsicht einen totalen Kontrast.

ACANTHUS · ARALIA · CROCOSMIA PANICULATA · VERBASCUM

OBERFLÄCHEN-STRUKTUREN

DIE WIRKUNG DER OBERFLÄCHE IST NICHT ZU UNTERSCHÄTZEN

Die Struktur einzelner Blätter läßt sich aus der Nähe optisch und durch Berührung erfahren. Hier geht es aber um die optische Gesamtstruktur der Pflanze, darum, wie sie das Licht aus einiger Entfernung spiegelt.

Glänzende Blätter reflektieren das Licht sehr stark, so stark, daß eine glänzende Pflanze so ähnlich ins Auge springt wie eine klare Form als Blickfang wirkt oder hell leuchtende Blüten Aufmerksamkeit wecken. Wegen dieser Tendenz hervorzustechen, neigen sie alle dazu, Perspektiven zu verkürzen, was einen Garten optisch verkleinert. Setzen Sie daher glänzende Blätter vorsichtig ein. Zu viele, vor allem sehr unterschiedlich geformte, überreizen und ermüden das Auge. Doch Glanz verleiht Leben und Glitzern. Er sieht stets frisch aus. Die Blätter vieler Stechpalmen oder des Kirschlorbeers (*Prunus laurocerasus*) strotzen vor Gesundheit und Leben. Es sind die festen Oberflächen immergrüner Pflanzen, die am stärksten glänzen.

Den Eindruck einer Pflanze bestimmt die Blattstruktur: hell glänzend oder beruhigend matt

▲ **Gänsefingerkraut und das Gras *Milium effusum* 'Aureum' bilden einen schönen Kontrast, nicht nur farblich, sondern auch durch ihre Form und Struktur.**

Wo glänzende Blätter das Licht reflektieren, nehmen es solche mit einer matten Oberfläche auf und treten optisch in den Hintergrund. Eine solche Pflanze am Ende des Gartens oder der Rabatte wirkt weiter entfernt als sie ist. Doch wählen Sie auch etwas mit Präsenz aus wie die Cordyline. Es ist nicht nur die Blattoberfläche, die eine Pflanze eher matt als glänzend macht, es ist auch die Blattgröße; kleinblättrige Pflanzen wirken meistens matt.

Pflanzen mit klarer Form und glänzenden Blättern erscheinen fest und hart. Sie brauchen um sich herum weichere Formen und Strukturen, wenn der Garten nicht an ein überfülltes Museum erinnern soll. Farne, vor allem solche mit fein gefiederten Wedeln, sind nützliche Gegenpole, besonders

CANNA · DESCHAMPSIA FLEXUOSA · MELIANTHUS MAJOR

▶ **Die großen, kühnen Blätter des Indischen Blumenrohrs wirken strukturell, doch bei dieser Art kommt durch die feinen, hellen Linien noch eine Dimension dazu.**

die Schildfarne (*Polystichum setiferum*). Doch besonders attraktive, weiche Oberflächenstrukturen für Rabatten liefern Gräser. Die beiden Arten der Schmiele, *Deschampsia caespitosa* und *D. flexuosa* sind in dieser Hinsicht ideal. Die erste erinnert an eine gefangene Wolke, die andere ist wie heller Nebel.

Hilfreich sind außerdem Pflanzen mit behaarten Blättern wie der Wollziest (*Stachys byzantina*) oder mit bereiften wie die Weinraute (*Ruta graveolens*), und die fast bedrohlichen, stark geäderten Blätter von Funkien oder Beinwell. Sie alle verändern die Stimmung und sorgen für strukturelle Vielfalt.

MILLIUM EFFUSUM ‘AUREUM’ · POLYSTICHUM · PRUNUS LAUROCERASUS

◀ Komplexe Zartheit neben schlichter Linearität; ein Wurmfarn und *Iris foetidissima*. Beide gedeihen im Schatten.

▲ Pfingstrosen mögen vor allem wegen ihrer üppigen Blüten gepflanzt werden, doch ihr junges Laub, tiefrot und voll frischer Lebenskraft, verdient auch um seiner selbst willen geschätzt zu werden.

◀ Es ist unfair, Rhododendron-Blätter nur mit Friedhof und Langeweile zu verbinden. Das „Indumentum“, der Pelz auf den jungen Blättern vieler Arten, besitzt Schönheit und Charme.

▲ Maiglöckchen als Bodendecker verkörpern im Schatten Adrettheit; jedes Blatt steht sauber an seinem Platz. Ihr Begleiter ist eine Blutbuche.

▲ Bergenien gelten als grob und unelegant und heißen auch Löffelblatt, doch sie sind als niedrige immergrüne Pflanzen ein guter Kontrast zu den Blättern von Zwiebelpflanzen.

IM BLICKPUNKT DIE FORM

BRINGEN SIE MIT EINIGEN KLAREN SILHOUETTEN ORDNUNG IN DIE ANLAGE

Jede Rabatte oder Gartenanlage profitiert von Pflanzen, die das Interesse wecken und das Auge festhalten, während es über den Garten schweift. Es ist wie eine Art Tempowechsel, der die Masse typischerer Blattformen unterbricht. Iris leistet hierbei besonders gute Dienste. Es gibt Irisarten für fast jeden Zweck, bärtige für heiße, trockene Plätze, Sumpfiris für feuchte Stellen, Sibirische Arten für die meisten Standorte und anpassungsfähige wie die immergrüne *Iris foetidissima* für den Schatten. Ihre schwert- oder lanzettförmigen Blätter wirken als Blickfang, besonders in großen Gruppen. Sich strahlenförmig ausbreitende Blätter wie die der Taglilien (*Hemerocallis* spp.) sind ebenfalls sehr wirkungsvoll.

Auch Gräser, Bambus und Riedgräser sind wegen ihrer linearen Blätter und Stiele unschätzbar, da sie für Interesse und Abwechslung sorgen. Noch ausgeprägter sind Pflanzen, die mit ihren linearen Blättern klare Rosetten bilden, wie Neuseeländischer Flachs und Yuccas oder die etwas weniger dramatischen Fackellilien (*Kniphofia* spp.).

Form und Umriß üben stärkeren Einfluß auf einen Garten aus als alles andere, besonders bei immergrünem Blattwerk

Abwechslung in Rabatten läßt sich auch durch die Wahl von Pflanzen erreichen, deren Blätter besonders groß oder auffällig geformt sind. So kann eine Buschrabatte durch großblättrige Hortensien (*Hydrangea sargentiana*) oder *Griselinia littoralis* mit ihren ungewöhnlichen, glänzenden Blättern beträchtlich belebt werden. Auch Staudenbeete gewinnen durch Bergenien oder Nieswurz. Sie sind zwar nicht übertrieben dramatisch, haben aber ansehnliche immergrüne Blätter und ein klares Wuchsmuster, das in der ruhigeren Jahreszeit leicht zum Zentrum der Aufmerksamkeit

FATSIA JAPONICA · GRISELINIA · HEMEROCALLIS · HYDRANGEA

werden kann. Auf solche Pflanzen mit langer Wachstumsperiode sollten wir im Gartencenter achten und uns einmal vom Reiz dessen lösen, was gerade blüht.

Planung mit Blattwerk kann noch weiter gehen. Anstatt ausgeprägte Blätter nur an manche Stellen als Kontrast zu setzen, kann eine Pflanzung primär auf Blattwerk und Struktur aufgebaut werden, Blumen sind dann nur Zugaben. Zum Beispiel läßt sich ein trockener, sonniger Garten großflächig mit niedrigen, buschigen, sonnenliebenden Stauden wie Lavendel, Zistrosen und Salbei bepflanzen. Insgesamt wirkt er trotz der Abwechslung in der Struktur und den Farben einheitlich. Als Kontrast wählen Sie vielleicht Riesen-Federgras (*Stipa gigantea*): seine zarten Rispen tragen Leichtigkeit hinein. Hie und da eine Yucca ist ebenfalls angemessen und bildet einen guten, starken Kontrast.

▲ Schönes Blattwerk bildet den Vordergrund für einen Ausblick durch eine Lücke in der Umpflanzung. Die großen Blätter sind *Darmera peltata*.

Großblättrige Pflanzen sollten zwischen kleinblättrigen Nachbarn isoliert stehen. Die Aralie *Fatsia japonica*, ein ausgezeichneter winterharter, großblättriger Strauch, wirkt in schlichter Umgebung am besten, wenn ihre dunklen, glänzenden, handförmigen Blätter nur von hellerem Bambus und Farnen flankiert werden, es sei denn, Sie streben gezielt eine tropische Wirkung an, ein Gewirr kontrastierender Blattformen, das das geordnete Chaos des Regenwaldes heraufbeschwört.

Umgrenzte Freiräume sind mit am schwierigsten zu bepflanzen, vor allem rings ums Haus, wo wir uns meist etwas wünschen, das ständig gut aussieht. Hier sind Blattpflanzen gefragt. Farne stehen stets ganz oben auf der Liste der Überlegungen, wenn es um schattige Stellen geht. Ihre Wedel sind sehr unterschiedlich, doch die meisten, besonders die feinblättrigen, gewinnen an einem Standort, der ihre Betrachtung aus der Nähe zuläßt. Selbst etwas so großes wie der Schneeball *Viburnum rhytidophyllum*, ein immergrüner Busch mit 20 cm langen und auffällig strukturierten und geaderten Blättern, profitiert von einem Standort, an dem er aus der Nähe betrachtet werden kann.

IRIS FOETIDISSIMA · KNIPHOFIA · STIPA GIGANTEA · VIBURNUM

IMMERGRÜNE PFLANZEN

KLARE FORM UND BESTÄNDIGKEIT SIND IHRE STÄRKE

▲ Die Wolfsmilchart *Euphorbia characias* ist ein zuverlässiger Vertreter einer lohnenden Pflanzengruppe, die Einfassungen zu jeder Zeit Würde verleiht, besonders aber im Winter.

Immergrüne Pflanzen sind seit jeher im Garten äußerst beliebt. Manche bleiben nicht nur im Winter, sondern auch bei Trockenheit im Sommer zuverlässig grün. Sie sind Strukturpflanzen, und das nicht nur, weil ihr dunkles Blattwerk dem Garten während der Wachstumsperiode wie auch im Winter einen Hauch von Form verleiht, sondern auch, weil ihr unverändertes Aussehen ein Bewußtsein von Dauer und Kontinuität vermittelt.

Beständigkeit und Beliebtheit haben auch ihre Schattenseiten. Denn gleichmäßig immergrüne Pflanzen können langweilig werden, besonders, wenn sie zu oft verwendet werden. Und so wie Vertrautheit Geringschätzung erzeugt, wird aus Beliebtheit leicht Klischee. Wählen Sie daher immergrüne Pflanzen sehr sorgfältig aus und setzen Sie sie sehr bewußt ein: in Schlüsselpositionen oder in Rollen, für die sie ideal sind, wie immergrüne Hecken. Wählen Sie elegante Formen: edle, plastische Kiefern, schmale säulenförmige Zypressenarten, feinblättrige symmetrische Stechpalmen. Wenn Sie nicht regelmäßig schneiden wollen, hüten Sie sich vor ungleichmäßig wachsendem Lorbeer oder ausladenden Zypressen. Bedenken Sie, daß unter diesen Pflanzen nur wenig wächst; am Rande ihres Schattens gedeihen jedoch die Wolfsmilcharten *Euphorbia characias*, *E. robbiae* und Efeu. Bei Platzmangel achten Sie auf einen engen Säulenwuchs; es gibt viele schmal wachsende Arten. Die Serbische Fichte (*Picea omorika*) ist eine Art klassischer Weihnachtsbaum, doch sehr schlank und für kleine Gärten ebenso geeignet wie die aufrechte Schottische Kiefer (*Pinus sylvestris* 'Fastigiata').

Immergrüne Pflanzen akzentuieren einen Garten; sie garantieren im ganzen Jahr Interesse und Substanz

CUPRESSUS · EUCALYPTUS · EUPHORBIA CHARACIAS · HEBE

Die meisten immergrünen Pflanzen haben sehr dunkles Blattwerk und wirken leicht bedrückend, auch im Winter, wenn wir uns doch über jedes Grün freuen. Manche jedoch sind heller: Unter den Heben gibt es Arten mit hellgrünen, grauen oder sogar rötlichen Blättern. Auch die grauen oder graugrünen Blätter des Eukalyptus sind eine willkommene Abwechslung zu Dunkelgrün, diese plastischen Bäume wachsen allerdings rasch und formlos.

Da immergrüne Pflanzen vor allem im Winter beachtet werden, sollten sie so gepflanzt werden, daß sie dann zwar optimal zur Geltung kommen, in den wärmeren Monaten aber trotzdem eine nützliche Rolle spielen. Die klassische Eibenhecke ist ein Beispiel dafür. Im Winter ist ihr Umriß klar und recht dominant; oft ist er das einzig Sehenswerte im Garten. Im Sommer kommt ihre Rolle als Rahmung auf subtilere Art zur Geltung, doch sie bildet zugleich einen wichtigen Hintergrund für die Farben der Rabatte.

ILEX · LAVANDULA · PICEA OMORIKA · PINUS · TAXUS BACCATA

4 STANDORT & AMBIENTE

Gärtner neigen dazu, bestimmte Standorte und Böden als „Problemzonen“ zu betrachten: heiße, trockene Hügel, Schatten und Staunässe sind drei solcher Übeltäter. Was für ein Unsinn! Dem kreativen Gärtner bieten solche Plätze interessante Möglichkeiten, spezialisierte Biotope anzusiedeln, die nicht nur diese Bedingungen lieben, sondern auch wunderschön aussehen.

Erkunden Sie zunächst, welche Pflanzen an diesen „Problemstellen“ gedeihen, und dann, welche Atmosphäre Sie damit erzeugen können: Dschungel, romantische Ufer, Waldlichtungen oder sonnige Hügel wie am Mittelmeer. Den Ort selbst als Inspirationsquelle zu verwenden, ist eine Art, mit der Natur umzugehen. Die Tage, in denen ein Gärtner die Umwelt fröhlich ignorieren konnte, sind vorbei, jene Tage, in denen man Torf und Chemikalien hineingepumpt und großflächig be- oder entwässert hätte. Bei der Schaffung eines Gartens ist die Natur nicht als Feind, sondern als Partner zu betrachten.

▶ Ein schlanker Wacholder bildet einen Brennpunkt, ohne den diese Anlage formlos wirken würde, und benötigt dabei nur wenig Platz.

DER EXOTISCHE STIL

MIT PHANTASIEVOLLER AUSWAHL LÄSST SICH DER REGENWALD IN EINEN STADTGARTEN HOLEN

Für denGärtner ist der auffälligste Unterschied zwischen tropischen und gemäßigten Klimazonen die Art des Blattwerks. Tropische Blätter sind meist größer, üppiger und von größerer Formenvielfalt. Wo immer es so hell ist, daß etwas wächst, drängen ungeheuer viele Blätter ans Licht, winden sich eine Fülle hungriger Kletterpflanzen durch Bäume, Sträucher und Stauden. Epiphyten wie Orchideen und Bromelien hängen an Ästen und Stämmen, nicht als Parasiten, sondern weil sie auf anderen Pflanzen leichter an die nötige Feuchtigkeit, Nährstoffe und Lichtmenge herankommen.

Eine Mischung aus Größen, Formen und Höhen ist der Kern des tropischen Stils, jede Nische wird gefüllt

▲ Indisches Blumenrohr verleiht jedem Standort einen Hauch von Exotik. An feuchten Plätzen gedeiht es besonders gut. Es ist empfindlich und braucht guten Winterschutz.

Es gibt halbwegs winterharte Pflanzen, mit denen sich tropisches Ambiente schaffen läßt. So große Blattpflanzen wie *Rodgersia* und Mammutblatt (siehe Seite 97) sind ein wesentlicher Teil davon, ebenso wie hohe schilfartige Gräser wie *Arundo donax* und Chinaschilf, besonders *Miscanthus sacchariflorus*, die größte winterharte Grasart. Palmen wie die *Trachycarpus*-Arten sind in vielen Gegenden winterhart, Zwergpalmen (*Chamaerops humilis*) an warmen Standorten, und im Kübel gedeihen *Phoenix canariensis*, eine Verwandte der Dattelpalme, oder *Butia capitata*-Arten.

Alles mit ungewöhnlichen Blättern ist ein Muß, ob es nun wirklich tropisch aussieht wie Indisches Blumenrohr und *Hedychium* oder nur völlig außergewöhnlich ist wie die Araukarie (*Araucaria araucana*).

Der Platz für eine exotische Anlage muß windgeschützt sein. Winterharte Exoten mit kleineren oder festen Blättern vertragen vielleicht ein mildes, maritimes, windiges Klima. Ein warmer, frostfreier Platz ist zwar nicht Voraussetzung, erhöht jedoch die Zahl der geeigneten Pflanzen ganz erheblich.

Ob der Platz sonnig oder schattig ist, hat für Ihr tropisches Paradies erhebliche Folgen. Ein offener, sonniger Standort ist gut für Palmen und Yuccas, doch der Regenwald-Stil läßt sich auch in leichtem Schatten relisieren. Der Neuseeländische Flachs verträgt etwas Schatten, und Farne benötigen ihn sogar. Farne brauchen Boden- und auch Luftfeuchtigkeit, besonders winterharte Baumfarne. Kletterpflanzen, die wie Girlanden über Ästen oder Mauern hängen, sind elementar. Großblättrige Kiwis oder immergrüne Clematis erzeugen die angestrebte Wirkung. Auch Bambus ist eine Dschungelpflanze. Und denken Sie an Epiphyten (nicht-parasitäre Aufsitzer): In feuchtem Klima wächst Tüpfelfarn (*Polypodium vulgare*) wie Moos auf Ästen. Viele größere Farne tun desgleichen, wenn sie von klein auf dorthin transplantiert werden. In sehr feuchtem Klima leben auch kleine Rhododendren als Epiphyten.

▼ Winterharte Pflanzen mit tropisch wirkendem Blattwerk sind unübertroffen, um in den Garten einen Hauch von Traumwelt zu tragen. Unter ihnen fühlt man sich in ein tropisches Paradies versetzt.

DER MEDITERRANE STIL

SOBALD SIE DIE TROCKENHEIT IN IHREM GARTEN AKZEPTIEREN, STEHEN IHNEN ALLE MÖGLICHKEITEN OFFEN

◀ Gärten in heißem, trockenem Klima können zu einer wahren Galerie plastischer Pflanzen, wie dieser Agave, werden. Auch in kühleren Gegenden werden Sukkulenten im Sommer am besten draußen gehalten.

Gärten mit regelmäßiger Trockenheit besitzen einen eigenen Reiz. Es ist nicht nur die Vielfalt der Graugrün- und Brauntöne, die die Pflanzen hier zeigen, es ist ihre Form: die runden Horste von Lavendel oder Heidekraut, die Plastizität von Korkeichen und Erdbeerbäumen, die Grazie und der Schleier von Gräsern. Trockene und heiße Zonen bestechen durch die Vielfalt der Sukkulenten.

Sonne und gute Entwässerung sind elementar, Schutz vor kaltem Wind erstrebenswert und ein magerer, steiniger Boden ein Vorteil. Die für dieses Klima charakteristischen niedrigen Büsche blühen oft eindrucksvoll, doch fehlt ihnen etwas Struktur. Yuccas wirken am stärksten. Ginster mit seinen verzweigten Stengeln ist dazu ein guter Kontrast. Grünpflanzen bringen Abwechs-lung hinein, besonders Edeldisteln, Königskerzen und die großblättrigen Zierkohlarten. Auch Gräser sorgen für optische Abwechslung.

Bäume, die Trockenheit vertragen, sind oft von ausgeprägter Gestalt wie die attraktiven Koniferen, besonders *Pinus pinea*. Doch da sie Schatten werfen, muß ihre Anpflanzung beschränkt bleiben.

Sukkulenten sind die Meister des Bizzarren und befriedigen die reichste Phantasie durch ihre Vielfalt an Blatt- und Umrißformen

Im Klimazonen mit leichtem Frost gedeiht eine Fülle echter Wüstenpflanzen. Um in die ungewöhnliche Formenvielfalt der Sukkulenten etwas Einheit zu bringen, wählen Sie eine Form aus, sagen wir, die Rosetten der Agaven und Yuccas, und wiederholen sie in Intervallen, um der ganzen Anlage einen gewissen Rhythmus zu verleihen. In diesen optischen Rahmen können Sie eine Fülle verschiedener Formen einbauen, ohne daß das Ganze zu einem Brei wird. Als Bodendecker eignen sich auch kleine Sukkulenten wie *Lampranthus* und Mauerpfeffer (*Sedum*).

CRAMBE MARITIMA · CYTISUS · PINUS PINEA · VERBASCUM · YUCCA

DER JAPANISCHE STIL

EIN VON GRUND AUF STRUKTURELLER STIL, IN DEM FORMEN DIE HAUPTROLLE SPIELEN

Die wesentlichen Elemente des japanischen Gartens sind Asymmetrie, die Betonung der Form und der Versuch, natürliche Schönheit einzufangen. Auf saurem Boden, wo üppigere Pflanzen nicht gedeihen, sind sie ein guter Rat. Ein solcher Boden ist ideal für Koniferen, Ahorn und Wasseriris (*Iris ensata*, syn. *I. kaempferi*), die zu den wichtigen Elementen eines japanischen Gartens gehören.

Harmonie ist wesentlich für die japanische Gartenkunst, die eine durchdachte, klare Vision mit Pflanzen ausdrückt

Pflanzen für einen japanischen Garten müssen nicht aus Japan kommen. Zwergkoniferen, elegante Gräser, Sträucher und Stauden mit subtiler Schönheit und Grazie wirken in einem Garten im japanischen Stil angemessen.

Allerdings sind ein paar echt japanische Pflanzen sehr hilfreich. Bambus und Ahorn sind für die meisten Leute die deutlichsten Anspielungen, doch leicht erhältliche japanische Pflanzen sind auch die Kiefer *Pinus parviflora*, die auf japanischem Weidenmuster-Porzellan vorkommt, Sorten der Scheinzypresse *Chamaecyparis pisifera* und Weinreben (*Vitis coignetiae*).

In japanischen Gärten sind geschnittene Büsche sehr häufig; Azaleen, Stechpalmen (*Ilex crenata*) und Buchsbaum (*Buxus microphylla*) sind äußerst beliebt. Typisch sind runde Formen, die Findlinge nachahmen.

Zu diesen Klassikern können Sie das Gras *Melica altissima* 'Atropurpurea' oder den Frauenmantel *Alchemilla mollis* setzen. In Verbindung mit einer Brücke, einem Schrein und geharktem Kies oder Sand läßt sich eine Insel japanischer Schönheit schaffen. Einen japanischen Besucher wird das nicht täuschen, doch die meisten von uns werfen nur einen raschen Blick auf die klassische Steinlaterne, um sofort die Gesamtstimmung aufzunehmen.

▶ Nur wenige Pflanzenarten sind im japanischen Garten als Ergänzung zu Steinen und einer Laterne nötig. Die länglichen Blätter sind von einer Liriopenart.

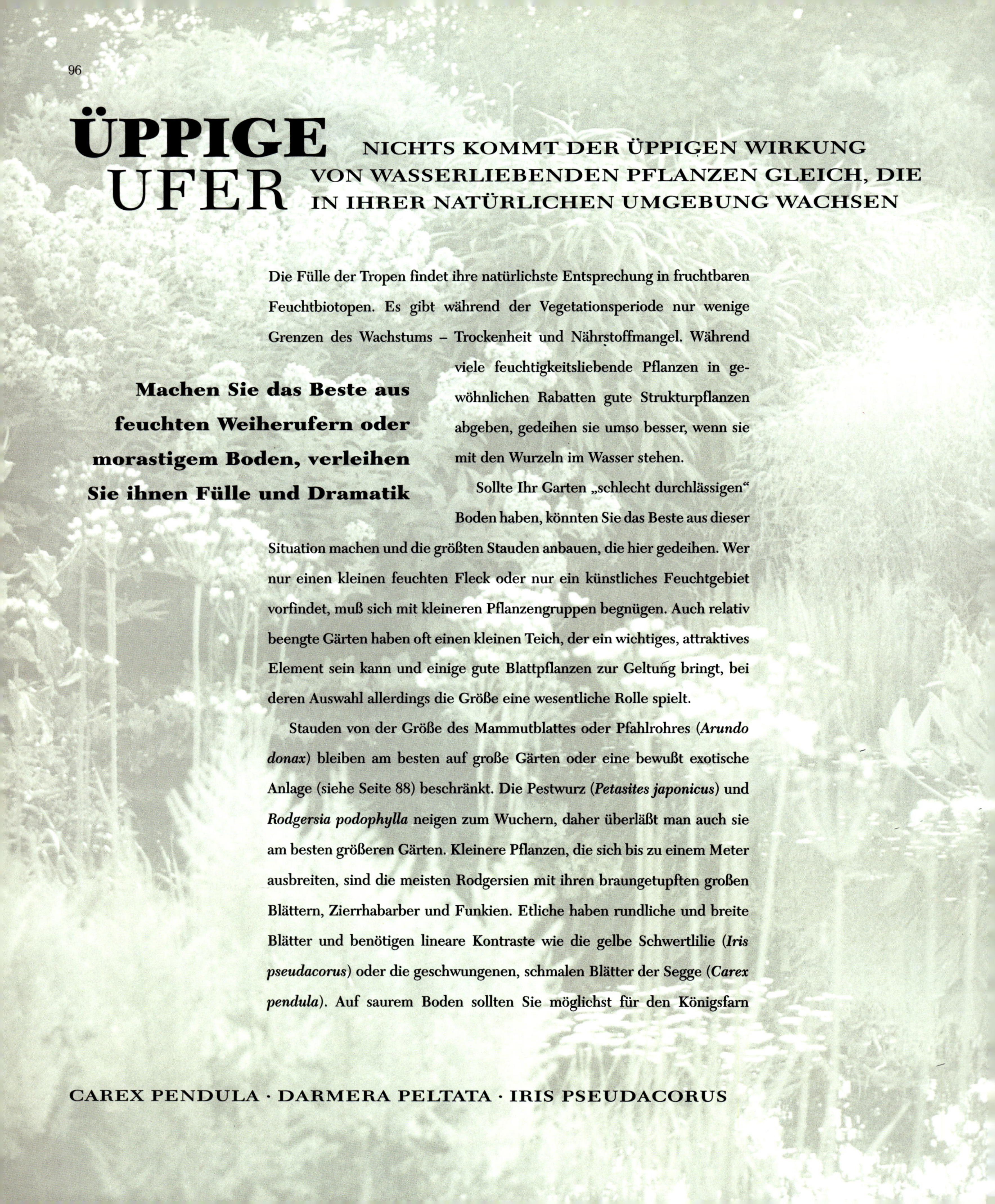

ÜPPIGE UFER

NICHTS KOMMT DER ÜPPIGEN WIRKUNG VON WASSERLIEBENDEN PFLANZEN GLEICH, DIE IN IHRER NATÜRLICHEN UMGEBUNG WACHSEN

Machen Sie das Beste aus feuchten Weiherufern oder morastigem Boden, verleihen Sie ihnen Fülle und Dramatik

Die Fülle der Tropen findet ihre natürlichste Entsprechung in fruchtbaren Feuchtbiotopen. Es gibt während der Vegetationsperiode nur wenige Grenzen des Wachstums – Trockenheit und Nährstoffmangel. Während viele feuchtigkeitsliebende Pflanzen in gewöhnlichen Rabatten gute Strukturpflanzen abgeben, gedeihen sie umso besser, wenn sie mit den Wurzeln im Wasser stehen.

Sollte Ihr Garten „schlecht durchlässigen" Boden haben, könnten Sie das Beste aus dieser Situation machen und die größten Stauden anbauen, die hier gedeihen. Wer nur einen kleinen feuchten Fleck oder nur ein künstliches Feuchtgebiet vorfindet, muß sich mit kleineren Pflanzengruppen begnügen. Auch relativ beengte Gärten haben oft einen kleinen Teich, der ein wichtiges, attraktives Element sein kann und einige gute Blattpflanzen zur Geltung bringt, bei deren Auswahl allerdings die Größe eine wesentliche Rolle spielt.

Stauden von der Größe des Mammutblattes oder Pfahlrohres (*Arundo donax*) bleiben am besten auf große Gärten oder eine bewußt exotische Anlage (siehe Seite 88) beschränkt. Die Pestwurz (*Petasites japonicus*) und *Rodgersia podophylla* neigen zum Wuchern, daher überläßt man auch sie am besten größeren Gärten. Kleinere Pflanzen, die sich bis zu einem Meter ausbreiten, sind die meisten Rodgersien mit ihren braungetupften großen Blättern, Zierrhabarber und Funkien. Etliche haben rundliche und breite Blätter und benötigen lineare Kontraste wie die gelbe Schwertlilie (*Iris pseudacorus*) oder die geschwungenen, schmalen Blätter der Segge (*Carex pendula*). Auf saurem Boden sollten Sie möglichst für den Königsfarn

CAREX PENDULA · DARMERA PELTATA · IRIS PSEUDACORUS

(*Osmunda regalis*) Platz schaffen, der einen aufrechten Haufen frischer grüner Blätter von etwas urzeitlichem Aussehen bildet und dessen Struktur sehr klar zur Geltung kommt, wenn er sich über niedrig wachsende Pflanzen erhebt.

Das Ufer eines Weihers oder anderen Gewässers ist ein wichtiges Biotop, in dem Arten mit linearer, aufrechter Form wie Wasseriris, Rohrkolben und Schwanenblumen (*Butomus umbellatus*) vorherrschen. Wer einen Garten am Ufer eines größeren Gewässers hat, kann sich an dem romantischen Anblick von Schilf erfreuen, das sich im Winde neigt. Allerdings wuchert das normale Schilf (*Phragmites australis*) fürchterlich, und in einigen Ländern, in denen es nicht heimisch ist, ist seine Anpflanzung verboten. Mit ein paar Tricks holen Sie die Schilfromantik jedoch auch an kleinere Gewässer. Bepflanzen Sie die Ufer mit Arten, die nicht wuchern, und erzeugen Sie den Eindruck von Schilf durch Chinaschilf (*Miscanthus sinensis*), das Sie dahinter auf trockenen (oder trockeneren) Boden pflanzen. Seine Eleganz kommt der des echten Schilfs sehr nahe.

Ein sehr kleiner Gartenteich oder kleiner Tümpel benötigt Pflanzen, die nicht in einem Sommer überhand nehmen; kleinere Funkien, die rundlichen, glänzenden Blätter der Sumpfdotterblume oder Seggen wie *Carex plantaginea* mit breiten, plissierten Blättern sind eine gute Wahl. Mit Gefühl bepflanzt, kann auch ein kleiner Teich oder Sumpf sowohl Struktur als auch üppige Fülle in den Garten hineintragen. Sogar eine große Wanne oder Halbtonne lassen sich mit kleinen Uferpflanzen besiedeln.

▼ Für den großen Wassergarten ist Mammutblatt ein Muß. *Darmera peltata* ist im kleineren eine gute Alternative.

GUNNERA MANICATA · OSMUNDA REGALIS · PETASITES · RODGERSIA

▲ Der Kontrast des Blattwerks dieser Sumpfpflanzen in Farbe, Form und Struktur kommt bei einer engen Bepflanzung wie hier großartig zur Wirkung.

▼ Üppig wuchernde Wasserpflanzen, die entlang des Teichufers in einzelnen Haufen wachsen, betonen die Ruhe der Wasseroberfläche.

▲ Ein alter Laufbrunnen ist halb versteckt hinter einem Rahmen von üppigem Mammutblatt, Farn und hellen rosa Kerzenprimeln, die auch den Blick zum Brunnen weiterleiten.

▶ Die unverkennbaren Blätter des Mammutblattes beherrschen den Vordergrund dieses wohlgefüllten Wassergartens. Farbspritzer führen das Auge darüber hinaus.

▲ Das dicke rötliche Blattwerk dieser attraktiven Rodgersie (*R. pinnata* 'Superba') hebt sich perfekt gegen einen grünen Hintergrund ab und ist im Halbschatten besonders hilfreich.

EIN WALD IM GARTEN

AUCH SCHATTEN HAT NATÜRLICHE VERBÜNDETE

Waldungen sind zauberhafte Orte, wo Farne und andere Grünpflanzen den Boden bedecken und mit dem vorigen Herbstlaub und den verrottenden Resten gestürzter Bäume verschmelzen. Da im Laubwald im Frühjahr die Lichtverhältnisse am besten sind, ehe die Blätter herauskommen, blühen zu dieser Zeit die meisten Waldpflanzen. Viele sind Zwiebel- oder Knollenpflanzen, die sich unter die Erde zurückziehen, wenn die Lichtmenge mit wachsendem Laub sinkt. Andere Waldpflanzen sind immergrün und nehmen mit ihrem dunkelgrünen Laub zu allen Jahreszeiten jedes bißchen Sonnenlicht auf. Diese Pflanzen tragen viel zur Faszination des Waldgartens bei.

Geben Sie bei Schatten nicht auf – selbst in schwierigsten Situationen fühlen sich klar strukturierte Pflanzen wohl

Schattige Gärten gibt es viele. Die besten Möglichkeiten bieten leicht schattige Gärten mit feuchtem Boden. Problemlos läßt sich hier mit einer breiten Pflanzenvielfalt ein Eindruck von Üppigkeit erzeugen, besonders mit Farnen, vom großen Wurm- und Schildfarn bis zum kleinen kriechenden Sumpf- und Tüpfelfarn. Als Kontrast dienen Pflanzen mit breiteren Blättern: Funkien, die eleganten Salomonssiegel (*Polygonatum* und *Smilacina* spp.), Aronstab, Astilben und Feuerkolben. Sofern der Schatten nicht zu stark ist, gedeiht auch Bambus und bringt Höhe und die Eleganz seiner abgestuften Stiele hinein.

Tieferer Schatten begrenzt die Möglichkeiten der Bepflanzung, besonders unter Buchen und Ahorn, die den Boden im Herbst dicht mit Blättern bedecken und ihm viele Nährstoffe und Feuchtigkeit entziehen. Wenn der Boden lange Zeit im Jahr trocken ist, entstehen weitere Probleme. Es gibt jedoch auch Pflanzen, die selbst in trockenem Schatten, also unter sehr

▶ Ein schattiges Tal, durch das ein Bach fließt, ist eine himmlische Gelegenheit, verschwenderisch große Farne und andere Pflanzen zu setzen, die Feuchtigkeit lieben.

ARUNCUS · ASTILBE · DRYOPTERIS · POLYGONATUM

◀ Sanftes Licht in Waldungen erzeugt eine zauberhafte Stimmung, hier verstärkt durch überhängende Blätter und einen kurvigen Holzpfad, der zwischen den Bäumen verschwindet.

unwirtlichen Bedingungen, überleben und gedeihen, darunter einige sehr gute Strukturpflanzen. Der Gemeine Wurmfarn, der majestätische dunkle Hügel der *Helleborus foetidus* und die Riesensegge (*Carex pendula*) mit kätzchenartigen Blüten, die an geschwungenen Stengeln hängen, tragen viel zur Verbesserung bei. Auch Wolfsmilcharten lohnen einen Versuch, vor allem *Euphorbia characias* und die kriechende *E. robbiae*. An den schlechtesten Plätzen wächst vielleicht nur noch Efeu oder Immergrün (*Vinca* spp.).

▲ Der Wert von Funkien für schattige oder feuchte Gärten ist unbestreitbar. Sie werden am besten mit anderen Pflanzen wie Farnen oder Aronstab (*Arum italicum* 'Pictum') gemischt.

Von den Gräsern überleben nur wenige im Schatten. Zu ihnen gehören die breitblättrigen Perlgras-Arten. Noch besser sind aber Seggen und Marbeln. Die letzteren vertragen auch trockenen Schatten, bilden aber auf besseren Böden schneller einen interessanten immergrünen Belag aus robusten, glänzenden Blättern. Sie und schattenverträgliche Pflanzen wie Taubnesseln (*Lamium* und *Lamiastrum* spp.) und Immergrün können mit einem guten strukturellen Kontrast, den eine gelegentliche aufrechtere Pflanze, etwa ein Wurmfarn bietet, große schattige Flächen bedecken.

Problematisch sind Schattenzonen, in denen der Gärtner nicht mit der Natur, sondern mit dem Erbe menschlicher Eingriffe zu tun hat. Die Schattenseiten der Häuser, wo der Boden durch große Schuttmengen sehr karg ist, sind wohl die schlimmsten. Hier leiden Waldpflanzen, von denen die schönsten eher feuchten, humusreichen Boden benötigen. Am ehesten können hier die für trockenen Schatten empfohlenen Pflanzen überleben. Alternativ dazu kann der Boden mit viel Humus, Kompost, Dünger, verrottetem Stroh oder sogar Algen (die in Küstennähe einen recht attraktiven, gesunden Mulch abgeben) verbessert werden.

Setzen Sie im Schatten überraschende Akzente – einen höheren Farn zwischen niedrig wachsende Bodendecker

HEDERA HELIX · HELLEBORUS FOETIDUS · HOSTA · VINCA

PFLANZENVERZEICHNIS

Die Zusammenstellung einer Liste von Strukturpflanzen ist nicht leicht, da der Begriff nicht einheitlich definiert ist. Im folgenden sind die am leichtesten erhältlichen Pflanzen beschrieben, die als Träger von Struktur im Garten dienen, und einige besonders ausgeprägte, die eventuell in den Katalogen von Spezialbaumschulen gesucht werden müssen.

Die Pflanzen sind unterteilt in Bäume und Büsche, Kletterpflanzen, Stauden, Farne und Gräser. Manchmal wird eine ganze Gattung gemeinsam behandelt (zum Beispiel *Arbutus*), manchmal einzelne Arten, die zu einer Gattung gehören (*Acer palmatum*). Sorten oder Zuchtformen, sofern sie eigens gezüchtet wurden, sind eine weitere Unterteilung, ihr Name steht in einfachen Anführungszeichen (*Corylus avellana* 'Contorta'). Hybriden, Kreuzungen aus zwei Pflanzen, tragen ein „x“ vor dem Namen.

Im Zentrum der Texte stehen die Eigenschaften, die den strukturellen Reiz der Pflanze ausmachen. Die Maße bedeuten bei jeder Kategorie etwas anderes: Bei Bäumen, Sträuchern und Kletterpflanzen nenne ich die maximale Höhe x Breite, die unter guten Bedingungen zu erwarten ist. Sie wird manchmal erst nach Jahren erreicht. Kübelpflanzen erreichen wie Bonsais oft nie ihre maximale Größe. Bei Stauden, Farnen und Gräsern ist die Höhe zur Zeit der Blüte angegeben, die ihre Ausmaße erheblich erhöhen kann. Die Breite bezieht sich auf zwei- bis dreijährige Pflanzen unter günstigen Bedingungen. Neigen Pflanzen zum Wuchern, ist das vermerkt.

Die Angaben der Winterhärte nach jedem Eintrag verstehen sich wie folgt (in Klammern die Mindesttemperatur): völlig winterhart – verträgt strenge Winter (-23°C); gut winterhart – gemäßigte Winter (-17°C); etwas empfindlich – an geschützten Standorten winterhart, gedeiht an warmen, geschützten Plätzen (-12°C); empfindlich – winterhart nur in milden Gegenden (-1°C), lohnt mit Winterschutz auch anderswo einen Versuch.

▶ Ein wunderbarer Kontrast in Blattform und Farbe. Die zartgefiederte Herzblume *(Dicentra eximia)* zwischen frischen, grünen Farnwedeln.

KLETTERPFLANZEN

ACTINIDIA CHINENSIS
Kiwi

Die Kiwi ist eine außerordentlich große, mit der Zeit verholzende Rebe mit exotisch wirkenden, rundlichen, haarigen Blättern. Sie benötigt eine ausgedehnte Mauerfläche oder einen großen Baum zum Ranken. Weibliche Pflanzen tragen Früchte, sofern eine männliche zum Befruchten in der Nähe ist. Verträgt die meisten Böden.

Sommergrüne Schlingpflanze

10 x 10 m; gut winterhart

AMPELOPSIS BREVIPEDUNCULATA
Scheinrebe

Ein Kletterer mit attraktivem Laub, ungewöhnlichen blaugrünen Früchten und guter gelb-oranger Herbstfärbung. Die kleinere farbenprächtige Sorte 'Elegans' wächst viel langsamer. Gedeiht auf den meisten Böden und verträgt auch Schatten.

Sommergrüne Kletterpflanze mit Ranken

5 x 5 m; gut winterhart

ARISTOLOCHIA MACROPHYLLA
Pfeifenwinde, Osterluzei

Großblättriger Kletterer mit gelbgetupften Blüten, die an zusammengebundene Trichter erinnern. Ideal sind sonnige Plätze mit Windschutz und feuchter Boden.

Sommergrüne Kletterpflanze mit Ranken

6 x 6 m; gut winterhart

CLEMATIS ARMANDII
Waldrebe, Klematis

Diese wundervolle Pflanze bildet sowohl schöne Blüten (weiß oder blaulila, im Spätfrühling) als auch immergrüne ovale Blätter. Für den tropischen Stil ist sie unverzichtbar. Robust und winterhart, braucht sie aber Schutz vor kalten Winden. Verlangt feuchte Böden ohne Staunässe mit Schatten für die Wurzeln und Sonne für die Krone.

Immergrüne Schlingpflanze

7 x 7 m; gut winterhart

Actinidia chinensis

x FATSHEDERA LIZEI
Efeuaralie

Eine Hybride aus *Fatsia japonica* (Zimmeraralie) und *Hedera helix* (Efeu), daher das x. Ohne Stütze bildet sie einen strukturlosen Strauch, wird sie aber an der Mauer oder

Clematis armandii

einer freistehenden Stütze gezogen, wirkt sie edel. Die efeuartigen Blätter sind dunkelgrün, die Blüten, die im Spätherbst erscheinen, cremig-weiß. Benötigt fruchtbaren Boden und sonnige wie schattige Standorte, bei uns nur als Kübelpflanze.

Immergrüner Strauch oder Kletterer

1,5 x 2 m; empfindlich

HEDERA
Efeu

Efeu-Arten sind die nützlichsten Kletterpflanzen – sie sind immergrün, wachsen rasch, sobald sie angewurzelt sind, und sie halten sich von selbst; Spaliere und Drähte wie bei den meisten anderen Kletterern sind unnötig. Entgegen verbreiteter Ansicht schädigt Efeu weder Bäume noch Häuser. Die Fähigkeit der Pflanze, selbständig an Ziegeln hochzuklettern, macht sie ideal zum Begrünen großer, unansehnlicher Mauerflächen. Ihre herbstlichen Blüten bieten wie ihre Früchte wilden Tieren wichtige Nahrung, und unter ihren dichten Blättern finden viele Insekten und Vögel Schutz.

Efeu ist nicht anspruchsvoll und gedeiht im Schatten ebenso wie in der Sonne. Sobald er gut angewurzelt ist, muß er sogar zurückgeschnitten werden.

Der Gemeine Efeu, *H. helix*, ist trotz seiner Verbreitung nicht zu verachten. Seine Winterfestigkeit und Genügsamkeit machen ihn zu einer der Hauptstützen des Gartens, und dank der großen Vielfalt an Sorten, viele in goldgelber oder weißer Farbenpracht, gibt es für jeden Platz einen geeigneten Efeu. Schauen Sie sich deshalb ein wenig um, ehe Sie kaufen, denn die Sorten unterscheiden sich hinsichtlich Winterfestigkeit und Lichtbedarf. *H. canariensis* sieht mit seinen großen, schlaff wirkenden Blättern exotischer aus als der gemeine Efeu und ist in etlichen Sorten erhältlich. Viele davon sind weiß gefleckt wie 'Gloire de Marengo'. Verträgt keinen kalten Wind.

Hedera canariensis 'Gloire de Marengo'

Immergrüne selbstklimmende Kletterer

6–10 x 5 m; gut bis völlig winterhart

HYDRANGEA ANOMALA SUBSP. PETIOLARIS
Kletterhortensie

Wie der Efeu (siehe oben) klettert diese Hortensie mit Hilfe von Luftwurzeln, die sich an ihre Stütze heften. Sie eignet sich daher sehr gut zum Begrünen großer, kahler Mauern; dies dauert allerdings mehrere Jahre. Sie hat kräftige, grüne gezackte Blätter, und gut eingewachsene Pflanzen tragen im Sommer kleine weiße Blütenköpfe. Sie eignet sich zum Verkleiden schattiger Mauern. Als anspruchslose Pflanze wächst die Kletterhortensie auf den meisten Böden – ideal sind feuchte Böden ohne Staunässe.

Sommergrüner selbstklimmender Kletterer

20 x 15 m; gut winterhart

LAPAGERIA ROSEA
Chilenische Glockenblume

Die Nationalpflanze Chiles ist unbestritten eine der schönsten Blütenpflanzen überhaupt. Ihre dunkelgrünen, ovalen Blätter haben etwas Tropisches, das verstärkt wird, wenn im Sommer und Spätherbst die elegant hängenden, dicken, glänzenden, rosaroten glockenförmigen Blüten erscheinen. Die Chilenische Glockenblume ist ideal für den kühlen, halbschattigen Wintergarten und wird bei uns im Kübel gezogen. Extreme Hitze und Kälte sowie Wind verträgt sie nicht. Sie bevorzugt sauren Boden.

Immergrüne Schlingpflanze

3 x 2 m; empfindlich

Parthenocissus henryana

Vitis coignetiae

MUEHLENBECKIA COMPLEXA

Diese aus Neuseeland stammende Pflanze hat feine Blätter auf dunklen, drahtigen Stengeln; diese klettern überall hinauf, wo sie Halt finden. Daher eignet sich diese Pflanze ideal zum Bedecken von Mauern oder zum Verstecken von Drahtnetzen. In manchen Teilen der Welt dient sie für Zierschnitte, wird über geformten Maschendraht gezogen und dann geschnitten. Da sie schnell wächst, ist oft ein Schnitt nötig! Sie bringt im Hochsommer kleine weißliche Blüten und danach wächsern weiße Beeren hervor. Gedeiht bei uns nur als Kübelpflanze und verträgt die meisten Böden.

Sommergrüner Strauch oder Kletterer

3 x 3 m; empfindlich

PARTHENOCISSUS
Wilder Wein

Diese Kletterpflanzen sehen an Gebäuden stets gut aus und verleihen ihnen einen Hauch noble Patina. Wie Efeu klimmen sie mit ihren Ranken von selbst. Der echte Wilde Wein ist *P. quinquefolia*; Ganz ähnlich ist *P. tricuspidata*, *P. henryana* ist etwas kleiner und hat klare weiße Adern in der Blattmitte. Feurige Herbstfarben sind einer ihrer Vorzüge. Sie werden zwar an Mauern gezogen, ranken aber von Natur aus in Bäumen. Weite, von den oberen Ästen herabhängende Ranken erinnern an das üppige Wuchern eines tropischen Dschungels. Gedeiht auf gutem feuchten Boden, an sonnigen oder schattigen Standorten.

Sommergrüne selbstklimmende Kletterer

6–10 x 6–10 m; völlig winterhart

VITIS COIGNETIAE
Japanische Weinrebe

Als eines der klassischen Sujets japanischer Maler, verbindet diese Rebe Eleganz mit Stärke. Der kräftige, ausladende Kletterer wächst am besten an Mauern und Bäumen. Seine hübschen geaderten Blätter werden im Herbst prächtig orange und rot. Gelegentlich bildet er nicht eßbare, dunkle Früchte aus. Gedeiht an sonnigen oder halbschattigen Standorten und den meisten Böden.

Sommergrüner Kletterer mit Ranken

12 x 12 m; gut winterhart

FARNE

BLECHNUM CORDATUM (SYN. BLECHNUM CHILENSE)

An feuchten Standorten in mildem Klima scheint dieser Farn mit seinem urzeitlichen Stil nur auf einen Dinosaurier zu warten! Seine relativ ungefiederten Wedel treten aus einem ausgedehnten Wurzelstock aus und bilden schließlich große, dichte Matten.

Immergrüner Farn

75 x 75 cm; etwas empfindlich

DICKSONIA ANTARCTICA
Australischer Baumfarn

Dieser Baumfarn ist wirklich vorzeitlich. Mit seinen riesigen Wedeln auf dem faserigen Stamm – wie bei einer Palme – macht er aus langweiligem Schatten einen Regenwald. Er verträgt nur wenig Frost und braucht hohe Luftfeuchtigkeit, die der Stamm aufnimmt; die Wurzeln dienen vor allem der Stabilität. Bei uns nur als Kübelpflanze möglich, verträgt keine pralle Sonne.

Immergrüner Farn

3 x 3 m; empfindlich

DRYOPTERIS

Alle Arten dieser reichen Gattung haben eine ausgeprägte Vasenform, da die Wedel von einem Mittelpunkt aus wachsen. *D. filix-mas*, der Gemeine Wurmfarn, ist zwar unscheinbar, bleibt aber in milden Wintern immergrün und gedeiht in trockenem Schatten. *D. pesudomas* ist eine edlere Art und auch recht anspruchslos. Die jungen Triebe von *D. erythrosora* sind tannenbraun und werden erst glänzend grün. Die stattlichen Wedel von *D. cycadina* und *D. wallichiana* stehen sehr adrett; *D. dilatata* dehnt sich weit aus und wirkt besonders in feuchtem Schatten sehr üppig. Schattige Standorte auf gutem Boden.

Sommergrüne Farne

60–100 x 60–100 cm; gut winterhart

MATTEUCCIA STRUTHIOPTERIS
Straußfarn

Ein enger aufrechter Hahnenschwanz hellgrüner Wedel macht den Reiz dieses Farns aus. Benötigt feuchten Boden und einen windgeschützten Standort.

Sommergrüner Farn mit Rhizomen

100 x 60 cm; völlig winterhart

OSMUNDA REGALIS
Königsfarn

Auf saurem, feuchtem Boden ist er eine majestätische Erscheinung. Seine breiten, relativ flächigen Wedel und sein aufrechter Wuchs verleihen ihm in der Landschaft Präsenz. Im Sommer wachsen in der Mitte der Pflanze eigenartige braune Wedel; sie tragen Sporen. Der Königsfarn verträgt etwas Sonne.

Sommergrüner Farn

1,2 x 1 m; völlig winterhart

PHYLLITIS SCOLOPENDRIUM
Hirschzunge

Kaum eine andere lohnende Pflanze verträgt so viel Schatten. Ihre frischen grünen bandartigen Blätter sind an dunklen Stellen ein Segen. Form und Farbe machen sie zu einem unschätzbaren Kontrast zu anderen Farnen und Schattenpflanzen. Einige Arten haben wellenförmige Blattränder wie Algen, andere geteilte. Gedeiht auf allen feuchten Böden.

Immergrüner Farn

30 x 30 cm; völlig winterhart

Dicksonia antarctica

Dryopteris filix-mas

POLYPODIUM VULGARE
Tüpfelfarn

Dieser interessante, kriechende Farn ist an feuchten, schattigen Standorten ein guter Bodendecker, wächst aber in der Natur in feuchtem Klima auf moosigen Baumstämmen, wozu man ihn auch im Garten bringen kann. Es gibt viele Arten mit kunstvollerer Wedelform.

Immergrüner Farn mit Rhizomen
20 x 30 cm; völlig winterhart

POLYSTICHUM
Schildfarn

Viele Schildfarne sind nicht nur nützlich und ansehnlich, sie vertragen trockenen Schatten auch besser als die meisten Farne.

Der winterharte *P. acrostichoides* oder Weihnachtsfarn wird bis zu 60 x 60 cm groß; er ist verläßlich immergrün und gedeiht selbst in trockenem Schatten, so daß er eine beliebte Pflanze ist, auch wenn seine Wedel nicht so zierlich geteilt sind, wie man wünschen könnte.

P. munitum wird 1 x 1 m groß und ist ein prächtiger, üppiger immergrüner Farn mit fein geschnittenen, dunkelgrünen Wedeln. *P. aculeatum* ist kleiner.

P. setiferum

Der Traum eines Gärtners: wunderschön unterteiltes Blattwerk, immergrün bis auf strenge Winter, verträgt Schatten wie Sonne und ist leicht erhältlich. Die einzelnen Sorten unterscheiden sich in der Unterteilung der Wedel und in der Größe. *P. s.* 'Acutilobum' ist einer der Besten.

Immer- oder halb-immergrüner Farn
30–100 x 30–75 cm; gut bis völlig winterhart

Polystichum setiferum

GRÄSER

ARUNDO DONAX
Pfahlrohr

Fern seiner warmen Heimat wächst dieses Gras langsamer und benötigt Winterschutz. Seine grauen Blätter werden mit der Zeit etwas schäbig, können aber zu Jahresende zurückgeschnitten werden. Es ist für jeden feuchten Standort geeignet, je feuchter desto besser, und steht am liebsten sonnig.

Immergrünes Gras

3 x 1 m; gut winterhart

BAMBUS

Bambusliebhaber mögen es als beinahe blasphemisch empfinden, alle Arten hier zusammenzufassen, doch für den Laien sehen sie sehr ähnlich aus, und daß Botaniker die Namen fast jährlich ändern, ist auch nicht gerade hilfreich. Diese herrlich eleganten Pflanzen verdienen es, daß sie nicht nur ein Hauch von Orient sind. Beim Besuch einer Spezialbaumschule werden Sie die feinen Unterschiede zwischen den einzelnen Arten schätzen lernen.

Bambus steht im Ruf zu wuchern – nicht ganz zu unrecht. Manche Arten wuchern, viele nicht. Zu den ersten gehört die 3 m hohe, ebenso üppige wie graziöse *Arundinaria anceps* mit Massen kleiner Blätter. Auch *Pleioblastus*- und *Sasa*-Arten breiten sich stark aus. Der nur 75 cm hohe *P. pygmaeus* bildet einen dichten Teppich. *S. veitchii* wächst als 1,5 m hohes Dickicht, mit im Herbst trockenen, grau-braunen Blatträndern, die attraktiv sein können.

Semiarundinaria fastuosa ist ein bis zu 3 m hoher, eleganter Bambus, der sich nur langsam ausbreitet. Zu den schönsten und zugleich kompaktesten Gattungen gehört *Phyllostachys*. *P. nigra*, 2,5 m x 75 cm groß, ist der berühmte, stilvolle und teure schwarzstämmige Bambus. Die bis zu 6 m hohe Art *Chusquea culeou* ist ebenfalls teuer, aber sehr elegant und kleinblättrig; sie bildet dichte Horste.

Shibataea kumasaca, 120 x 75 cm, ist mit seinen kleinen, doch breiten Blättern eher ungewöhnlich und bildet einen guten Kontrast zu anderen Bambusarten. Die etwa 1,5 m hohe Art *Indocalamus tessellatus* verträgt viel Schatten, hat besonders breite Blätter und vermittelt sehr gut einen tropischen Eindruck. Auch sie wächst rasch.

Alle Bambusarten brauchen Windschutz und im Sommer genug Wasser. Sonne oder leichter Schatten und gute, fruchtbare, feuchte Böden sind ideal.

CALAMAGROSTIS x ACUTIFLORA 'KARL FOERSTER'

Ein besonders ausgeprägtes Gras mit steil aufragenden Fruchtständen – und damit ein vertikaler Zug in Anlagen –, die im Sommer sehr bunt aussehen, dann aber unordentlich werden. Um nicht von seinem Charakter abzulenken, pflanzt man möglichst nichts in die Nähe, was ähnlich hoch ist. Braucht volle Sonne, jeder Boden ist geeignet.

Sommergrünes Gras

150 x 30 cm; völlig winterhart

CAREX
Segge, Riedgras

Diese vielseitige und artenreiche Gattung wurde erst vor kurzem für den Garten entdeckt. Mehr noch als Blüten oder Ähren ist ihr Blattwerk die Attraktion. Seggen sind meist mit schlechterem Boden und strengerer Umgebung zufrieden als Gräser. Hier die besten immergrünen Seggenarten:

C. muskingumensis, die 75 x 40 cm große Palmwedelsegge, ist insofern ungewöhnlich, als die Blätter auf der Spitze der Stengels sitzen und nicht wie üblich unten. Typisch sind die saftiggrünen Blätter und eine langsame Verbreitung. Gedeiht auf allen Böden an sonnigen oder halbschattigen Standorten. Die 1 x 1 m große *C. pendula* bildet große, kräftige Horste aus dunkelgrünen Blättern und trägt ab Mittsommer lange, kätzchenartige Blütenköpfe, die elegant von gebogenen Stämmen herabhängen. Leider verstreut es seine Samen im ganzen Garten. Es gedeiht in Sonne oder Schatten, auch in trockenem Schatten. *C. testacea* ist mit einer Größe von 40 x 30 cm die beste der neuseeländischen

Carex elata 'Aurea'

Cortaderia selloana

Miscanthus sinensis

Seggen, und diese sind alle gut. Sie bildet dichte Horste organgebrauner Blätter, die in der Wintersonne regelrecht glühen. Sonne und feuchte Böden sind ideal.

Gut bis völlig winterhart

CORTADERIA SELLOANA
Pampasgras

Das Pampasgras, eine noble Pflanze, wurde durch falsche Plazierung ruiniert. Meist steht es entweder eingeklemmt in kleinen Vorgärten oder verloren in schlecht geplanten Industrieanlagen. Doch es sollte gelingen, es zu rehabilitieren. Ideal wirken sein massiver grüner Blätterhorst und seine wehenden weißen Federn in majestätischer Aufstellung oder nur *en masse*. Gedeiht auf jedem guten Boden in der Sonne.

Die Sorte 'Aureolineata' hat attraktiv gelbgestreifte Blätter, während die bis 1,5 m hohe Zwergform 'Pumila' auch für kleinere Gärten geeignet ist.

Immergrünes Gras

3 x 2 m; völlig winterhart

Deschampsia caespitosa

DESCHAMPSIA CAESPITOSA
Rasenschmiele

Ein dichter Blätterhorst bildet den ganzen Sommer lang wunderbar zarte Blüten- und Fruchtstände, unübertroffen in ihrer weichen Struktur. Schön sind die Arten 'Bronzeschleier', die größere, goldgelbe 'Goldschleier' und die kleinere 'Goldtau'. Bevorzugt saure Böden, liebt sonnige oder halbschattige Standorte.

Immergrünes Gras

75 x 50 cm; völlig winterhart

LUZULA
Hainsimse, Marbel

Breitblättrige grasartige Pflanze; gute Arten sind *L. nivea* mit schmalen Blättern und cremeweißen Blüten und *L. sylvatica* mit breiten Blättern und braunen Blüten. Sie bilden bodendeckende Horste und vertragen Sonne und trockenen Schatten.

Immergrün

60 x 30 cm; völlig winterhart

MISCANTHUS

Prächtige Gräser für eine Vielfalt an Funktionen. Alle benötigen fruchtbare, feuchte Böden. *M. sacchariflorus* ist eines der größten winterharten, krautartigen, rhizoiden Gräser (2,5 x 1 m) und ideal, um vorübergehend im Sommer Höhe oder eine tropische Wirkung zu erzielen.

M. sinensis

Das Chinaschilf wird im modernen Landschaftsdesign sehr häufig eingesetzt. Es ist eleganter als das Pampasgras und erscheint als krautartige Pflanze nur von Sommer bis Herbst im Garten, so daß Sie seiner nicht müde werden. Sauber genug für konventionelle Rabatten, zugleich wild genug für Naturgärten, bietet es endlose Einsatzmöglichkeiten. Die dichten Horste aus schmalen Blättern sind zwar recht attraktiv, doch es sind die silbrigen Blütenstände, die seinen wahren Wert ausmachen. Inzwischen gibt es etliche Sorten, und es werden laufend mehr. 'Silberfeder', die bekannteste, blüht zuverlässig silbrig-rosa; 'Zebrinus' weist ungewöhnliche gelbe Querbänder auf den Blättern auf; 'Gracillimus' ist eine etwas kleinere, zartere Sorte; 'Nippon' und 'Kleine Fontäne' sind noch kleiner.

Sommergrünes Gras mit Rhizomen

2 m x 75 cm; völlig winterhart

MOLINIA CAERULEA
Pfeifengras

Dieses Gras bildet einen dichten Blatthorst, von dem schmale Blätter und zarte Blütenstände ausstrahlen. Die Normalform hat dunkle, leicht purpurne Stiele, 'Variegata' dagegen weißbunte Blätter. Weitere Sorten unterscheiden sich in Höhe und Form. Alle vertrocknen im Winter zu einem hübschen Blaßgelb. Eine auffallend anspruchslose, zähe Pflanze.

Sommergrünes Gras

1 m x 60 cm; völlig winterhart

PENNISETUM

Unauffällig, fast langweilig, wirkt das Lampenputzergras, bis es im Hochsommer unzählige flaschenbürstenartige Blütenstände entwickelt. In ihrer Zartheit für Gräser untypisch, passen sie ideal zu Lavendel, Katzenminze, Oregano und anderen Pflanzen, die trockene, sonnige Standorte lieben. *P. villosum* wirkt insgesamt grau, *P. alopecuroides* und *P. orientale* dunkelpurpurn. Sie sind in kaltem, kontinentalen Klima winterhart, vertragen jedoch nicht die hohe Luftfeuchtigkeit der Küsten. Ideal für magere Böden ohne Staunässe.

Sommergrüne Gräser

60–75 x 40 cm; völlig winterhart

SPODIOPOGON SIBIRICUS

Aufrechter Wuchs, breite Blätter und rötliche Blütenrispen – im Spätsommer und Herbst ein gutes Gestaltungsmittel. Wächst auf jedem guten Boden in Sonne und Schatten.

Sommergrünes Gras

120 x 40 cm; völlig winterhart

STIPA ARUNDINACEA
Neuseeland-Federgras

Wenn seine Horste olivgrüner Blätter im Winter goldbraun werden, bildet es gemeinsam mit *Carex testacea* eine herrliche Ergänzung zu immergrünen Pflanzen.

Immergrünes Gras

60 x 75; etwas empfindlich

S. gigantea
Riesen-Federgras

Ab Frühsommer trägt dieses Gras große haferartige Blüten- und Fruchtstände, die groß und ätherisch sind. Zur optimalen Entfaltung benötigt es viel Platz. Es liebt sonnige, helle Standorte ohne Staunässe.

Sommergrünes Gras

1,5 x 1,2 m; etwas empfindlich

Stipa gigantea

STAUDEN

ACANTHUS

Akanthus

Schon die alten Griechen setzten Akanthus im korinthischen Kapitell ein steinernes Denkmal. Seine glänzend dunkelgrünen Blätter sind gelappt, die hoch aufragenden Blütenstände bestehen aus fingerhutähnlichen, lila-rosa Blüten. Die gewöhnliche Form, *A. latifolius*, blüht in warmen Gegenden reichlich und breitet sich beängstigend aus. *A. spinosus* ist zarter und blüht reicher als *A. latifolius*. Benötigt fruchtbare Böden und sonnige Standorte.

Sommergrüne Staude

1,2 x 1 m; völlig winterhart

AGAVE

Diese bekannten, für warme Klimazonen mit trockenen Sommern typischen Pflanzen sind erstklassige Strukturpflanzen. Wo Sie die stacheligen Rosetten nicht auspflanzen können, überleben sie gut im Topf, müssen aber in einem kühlen, hellen Zimmer oder Treibhaus überwintern. Zeitweise können Sie sie in Rabatten aussetzen. Von der *A. americana* gibt es viele mehrfarbige Sorten.

Immergrüne sukkulente Stauden

2 x 2 m; empfindlich

ALCHEMILLA MOLLIS

Frauenmantel

Er besticht durch seine hellgrünen Blüten im Frühsommer und die wunderschönen Blätter, in denen sich das Wasser sammelt und silbrig abläuft. Braucht leicht feuchte sonnige oder halbschattige Standorte.

Krautartige Staude

40 x 75 cm; völlig winterhart

Acanthus spinosus

ARALIA

Aralie

Diese exotisch wirkenden Stauden werden zunehmend wegen ihrer großen, handförmigen Blätter, cremigen Blütenstände und dunklen Beeren geschätzt. Es gibt mehrere Arten: *A. cachemirica*, *A. californica*, *A. racemosa*. Bei uns nur als Kübelpflanze an sonnigen oder halbschattigen Standorten.

Sommergrüne Staude

2 x 2 m; empfindlich

ARISAEMA

Feuerkolben

Dieser seltsame Verwandte des Aronstabs bildet die typische behelmte Blüte, jedoch in dunklen Farben. Das attraktive Blattwerk der meisten Arten ist dreifach gelappt. Die kleinen, bunten *A. triphyllia* bilden in kühlem Schatten einen guten Bodendecker.

Knollige sommergrüne Staude

30 x 30 cm; benötigt Winterschutz

ARUNCUS DIOICUS

Geißbart

Wo viele große Stauden den Charme eines Elefanten besitzen – beeindruckend, faszinierend, doch ohne jede Grazie – ist dies die Ausnahme. Sein elegant gefiedertes Laub bildet einen attraktiven aufrechten Horst. Im Sommer treibt er flaumige, cremeweiße Blütendolden. Er bevorzugt feuchte Standorte in Sonne oder Schatten.

Sommergrüne Staude

1,8 x 1 m; völlig winterhart

ASARUM

Haselwurz

Recht kleine Pflanzen – fast wie Mäuse, die über den schattigen Boden huschen. Die rundlichen, herzförmigen Blätter sind bei den verbreiteten Arten, wie *A. europaeum*, glänzend grün. Andere Arten wie *A. hartwegii* sind so kunstvoll grau und silbern gefleckt, daß sie in Japan gesammelt werden. Verlangt humusreiche Böden und Schatten.

Immergrüne Stauden

15 x 30 cm; völlig winterhart

ASPARAGUS OFFICINALIS

Asparagus, Spargel

Die Freude der Gourmets ist eine erstklassige Blattpflanze, ein großer, aufrechter, stechender Busch aus federigen, hellgrünen Blättern, der Struktur in die Rabatte bringt. Liebt volle Sonne und guten Boden.

Sommergrüne Staude

1 x 1 m; völlig winterhart

ASTILBE RIVULARIS

Meist wegen der Blüten gepflanzt, haben Astilben jedoch auch attraktiv gegliedertes Blattwerk. Diese Art hat unscheinbare grünliche Blüten, doch besonders stattliche Blätter. Gedeiht auf den meisten Böden in Sonne oder Halbschatten.

Sommergrüne Staude

1,8 x 1 m; völlig winterhart

BAPTISIA AUSTRALIS
Färberhülse

Blaue Erbsenblüten ergänzen den sauberen blaugrünen Blätterhorst dieser Präriestaude. Es gibt weitere attraktive Arten mit weißen Blüten wie *B. leucophaea*. Benötigt volle Sonne und fruchtbaren Boden. Bei uns nur als Kübelpflanze möglich.

Sommergrüne Staude

1m x 50 cm; empfindlich

BERGENIA
Bergenie, Löffelblatt

Obwohl wegen ihrer sehr frühen weißen oder rosa Blüten beliebt, sind die vielen Bergenien auch erstklassige Blattpflanzen, die ihren dichten, glänzenden, lederartigen runden Blättern ihren deutschen Namen verdanken. Im Winter werden die Blätter rötlich. Die Blätter von *B. ciliata* sind feiner, matter und mit feinen Haaren bedeckt. Gedeiht in Sonne oder Halbschatten.

Immergrüne Staude

30 x 30–60 cm; völlig winterhart

CANNA
Blumenrohr

Sein tropisches Aussehen macht es zum Zentrum jedes exotischen Sommerbeets, wo seine orange, rot oder gelb leuchtenden Blüten nach Aufmerksamkeit heischen. Seine breiten, um gerade Stengel gewundenen Blätter sind für den exotischen Stil essentiell. *C. iridiflora* hat sehr schönes Blattwerk und hübsche lila Blüten; *C. indica* ist zwar nicht winterfest, besitzt aber äußerst üppiges Blattwerk. Brauchen gute Böden und volle Sonne und müssen im nicht zu kalten Treibhaus überwintern.

Sommergrüne, Staude mit Rhizomen

120 x 60 cm; empfindlich

CRAMBE
Meerkohl, Riesenschleierkraut

Große grüne Blätter, eine Seltenheit auf trockenen, mageren Böden, machen die Cramben zu wertvollen Pflanzen für solche Standortte. Ihre Blüten sind sehenswert. *C. maritima*, der bis zu 60 x 60 cm große Meerkohl, hat wunderbares bepelztes Blattwerk. *C. cordifolia* und *C. orientalis* werden bis zu 1,5 x 1 m groß.

Sommergrüne Stauden und einjährige Pflanzen; gut bis völlig winterhart

CROCOSMIA
Montbretie

Aufrechte gerade Blätter sind immer gut als Abwechslung in Pflanzungen. In milden Gegenden bilden Montbretien Gruppen, die im Spätsommer gelb, rot oder orange blühen. *C. paniculata* ist mit ihren sehr hohen, schwertartigen, wie gefalteten Blättern und Rispen scharlachroter Blüten besonders eindrucksvoll. Geben unordentlichen Spätrabatten optischen Halt. Sie benötigen pralle Sonne auf jedem Boden. Die üppigste Art ist *C. masonorum*.

Sommergrüne Staude

60–100 x 30 cm; gut winterhart

Crocosmia 'Lucifer'

CYNARA CARDUNCULUS
Artischocke

Vorwiegend aus der Feinschmeckerküche bekannt, ist diese vielseitige Pflanze zugleich eine prächtige Zierstaude mit großen silbernen, tief gezackten, gezahnten Blättern, die sich geschwungen über den Boden erheben. An der Spitze eines dicken Stiels bildet sich eine Blüte. Die Gemüse-Artischocke sieht ähnlich aus, ist aber weniger graugrün. Als kräftige Pflanzen benötigen Artischocken fruchtbare Böden und einen warmen Platz in voller Sonne.

Sommergrüne Staude

2,5 x 2 m; benötigt Winterschutz

Cynara cardunculus

Eryngium giganteum

DARMERA PELTATA
(SYN. PELTIPHYLLUM PELTATUM)
Schildblatt

Vor den Blättern wachsen Stengel mit rosa Köpfen scheinbar direkt aus dem Schlamm heraus, in dem das Schildblatt gedeiht. Die großen runden Blätter passen gut zu anderen kräftigen Uferpflanzen. Die verzweigten Wurzeln sind ein effektiver Erosionsschutz. Verträgt Sonne oder Schatten.

Sommergrüne Staude

100 x 60 cm; völlig winterhart

ECHINOPS RITRO
Kugeldistel

Der deutsche Name beschreibt diese Pflanze genau, eine robuste distelartige Staude, deren feste blaue, kugelige Blütenstände im Spätsommer einen idealen Kontrast zu den vagen Rispen des Federmohns oder den vertikalen Spitzen von Veronicastrum bilden. Anspruchslos, liebt die pralle Sonne.

Sommergrüne Staude

150 x 60 cm; völlig winterhart

ECHIUM PININANA
Natternkopf

Fraglos eine Pflanze für den UFO-Stil. Sie braucht Jahre, um ihre großen Rosetten langer, haariger Blätter auszubilden; daraus schießt dann ein turmartiger Kolben mit tausenden kleiner blauer Blüten hervor. Er stirbt ab und hinterläßt ein spektakuläres Skelett und Massen von Setzlingen. Eine der besten großen Pflanzen für den Garten, doch rechnen Sie nicht mit einem aufrechten Wuchs! Sie stammt von den Kanarischen Inseln und braucht viel Sonne.

Immergrüne Staude

2,5 m x 75 cm; empfindlich

ERYNGIUM
Edeldistel, Mannstreu

Diese ausgeprägten Stauden sind mit Disteln nicht verwandt. Sie haben stachlige Blätter, und die Blütenstände sitzen über kragenartigen Deckblättern. Die ganze Pflanze kann blau, silbern oder grün sein und bietet einen eindrucksvoll strukturierten Anblick. Sie verträgt die meisten Böden ohne Staunässe. Die kleineren Arten sind für trockene, magere Böden besonders wertvoll. Bevorzugt einen sonnigen Platz.

Sommergrüne Stauden und Zweijährige

E. agavifolium

Bei dieser Art sind es die Blätter, die Aufmerksamkeit erregen, ein kühner, praktisch immergrüner Haufen frischer grüner Streifen, die elegant spitz zulaufend und am Ende gezahnt sind. Die Blüten sind eher gedrungen wirkende grüne Ballen auf dicken Stielen.

Sommergrüne Stauden

150 x 75 cm; benötigt Winterschutz

E. giganteum
Elfenbeindistel

Diese Edeldistel ist zweijährig und stirbt nach der Blüte. Die blaßgrauen „Disteln" sehen im Tode fast so gut aus wie im Leben. Da sie sehr viele Samen hinterläßt, heißt sie in England „Miss Wilmott's Geist", nach einer Gärtnerin, die heimlich die Samen überall verstreute, wo sie zu Gast war!

Zweijährige oder kurzlebige Staude

100 x 40 cm; völlig winterhart

EUPATORIUM PURPUREUM
Wasserdost

Eine sehr eindrucksvolle Staude, die im Spätsommer und Frühherbst blüht und als strauchartige Struktur bis in den Winter lebhaft präsent bleibt. Da sie jedes Jahr neu austreibt, ist sie in den übrigen Monaten so niedrig, daß man sie ignorieren kann. Eine entschieden eher majestätische als elegante Pflanze, deren zartrosa Blüten auf rötlichen Stielen ungeheuer viele Schmetterlinge anziehen und ernähren. Sie bevorzugt eher feuchtere, fruchtbare Böden und braucht volle Sonne.

Sommergrüne Staude

2,5 x 1 m; völlig winterhart

EUPHORBIA
Wolfsmilch

Euphorbien sind sehr nützliche Strukturpflanzen. Geliebt von allen anspruchsvollen Gärtnern, die auch grüne Blüten (hier in Köpfen aus tassenförmigen Deckblättern versammelt) und elegantes Blattwerk schätzen, werden sie von jenen mit einem gewissen Vorbehalt betrachtet, die ihre Blumen gern bunt mögen. Doch selbst die eingefleischtesten Farbenfreunde schätzen sie wegen der erstaunlichen Anspruchslosigkeit vieler Arten. Der hautreizende Milchsaft macht sie auch für viele Tiere ungenießbar.

Ein- oder zweijährige Stauden, sommergrüne und immergrüne Büsche

E. robbiae

Diese Euphorbie verbreitet sich so rasch, daß sie im Beet leicht zur Plage wird. Man sollte sie nur in trockenem Schatten setzen, wo ihr Hang zum Wuchern ein Segen ist. Sie besitzt dunkelgrüne Blätter und im Frühjahr helle grüngelbe Blüten und ist sehr nützlich zum Füllen lästiger Ecken.

Immergrüne Staude

40 x 60 cm; gut winterhart

E. characias

Wie ein gepflegter Strauch wirkt diese äußerst nützliche Winterpflanze mit ihren grauen Blättern und gelblichen Blüten. Sie bevorzugt sonnige Standorte, wächst aber auch im Schatten, wenngleich in weniger schöner Form. Anspruchslos wie sie ist, gedeiht sie auch gut in trockenem Schatten, selbst unter Leyland-Zypressen, wo sonst wirklich nichts wächst. Sie verträgt sich gut – auch optisch – mit anderen graublättrigen Pflanzen des Mittelmeerraumes, auch als Hintergrund für rosa oder blaue Blüten. Es gibt mehrere gute Unterarten und Sorten.

Immergrüne Staude

1,2 x 1 m; gut winterhart

E. lathyrus

Diese Pflanze taucht oft scheinbar aus dem Nichts in Gärten auf, in denen sie niemals angepflanzt war, meist nach dem Umstechen eines Beets, wenn die langlebigen Samen nach oben kommen. Ihr einzelner, aufrechter Stengel mit dunklen graugrünen Blättern, die im rechten Winkel davon abstehen, macht sie unschätzbar als geometrisches Gegenstück zu runderen Pflanzen. Bevorzugt volle Sonne, verträgt trockenen Schatten, ist jedoch kurzlebig; sie sät sich immer wieder neu aus und nimmt leicht überhand. Die Blüten sind unbedeutend. Sie vertreibt angeblich Maulwürfe, was ich nicht bestätigen kann.

Kurzlebige Staude

120 x 30 cm; völlig winterhart

Euphorbia characias

Euphorbia mellifera

E. mellifera

In mildem Klima wächst sie fast zu einem kleinen Baum heran, sonst bildet sie einen schönen rundlichen Busch aus blaßgrünen Blättern. Sie läßt sich auch zu einem eher auffälligen schirmförmigen Hochstamm ziehen, indem man Boden- und Seitentriebe entfernt und einen Stengel sich oben verzweigen läßt. Diese Art sollte in kühleren Gegenden häufiger angepflanzt werden, gilt aber wegen ihrer Herkunft aus Madeira als empfindlich. Gelbe Blüten im Frühling können den ganzen Garten mit Honigduft füllen. Benötigt volle Sonne oder in warmem Klima leichten Schatten und durchschnittliche Bodenfeuchtigkeit.

Immergrüner Strauch

3 x 3 m; etwas empfindlich

E. myrsinites

Silbrige Blätter, die sich um kriechende Stengel winden, machen diese eigenartige Pflanze ideal als Bewuchs von trockenen Böschungen oder Mauern. Im Frühling blüht sie gelbgrün. Liebt volle Sonne, keine Staunässe, und verträgt Trockenheit.

Immergrüne Staude

15 x 50 cm; völlig winterhart

FASCICULARIA PITCAIRNIFOLIA

Dieses Mitglied der Familie der Ananasgewächse, der Bromelien, ist bei uns nur als Kübelpflanze möglich und braucht einen warmen, sonnigen Standort. Am Boden anliegende dunkelgrüne, etwas stachelige Blätter bilden ein überraschendes rotes Zentrum, aus dem kleine blaue Blüten herauswachsen. Läßt den Garten wesentlich tropischer wirken, als er wirklich ist.

Immergrüne Staude

40 x 60 cm; empfindlich

FOENICULUM VULGARE

Fenchel

Auch Fenchel hat zwei Verwendungen, als Gewürz und als Zierpflanze. Nur Asparagus wirkt ähnlich federartig. Fenchel ist ein ausgezeichneter Hintergrund für Blumen und Pflanzen mit breiten Blättern oder klaren Formen. Es gibt auch eine sehr attraktive purpurblättrige Form. Gedeiht auf jedem guten Boden in voller Sonne; sät sich selbst aus und wird daher leicht zur Plage. Entfernen Sie in solchen Fällen nach der Blüte die Fruchtstände.

Sommergrüne Staude

180 x 75 cm; völlig winterhart

GUNNERA MANICATA

Gunnera, Mammutblatt

Gunnera läßt Ihren Garten fraglos tropisch wirken – dcch es könnte ihn dabei vollständig füllen. Es ist die größte winterharte Staude, die es gibt. Am Seeufer in großen Anlagen wirkt es wie ein riesiger Rhabarber. Ich finde es im Frühling sehr faszinierend, wenn die hellgrünen Blütentriebe und jungen Blätter aus enormen haarigen Knospen hervorbrechen wie Dinosaurier

Gunnera manicata

aus dem Ei. Die lappigen, gezahnten Blätter werden bis 1,80 m groß (*G. tinctoria* ist nur wenig kleiner). Das Mammutblatt benötigt feuchten Boden und recht warmes Klima, als Winterschutz kann man es im Herbst mit seinen eigenen abgestorbenen Blättern zudecken.

Sommergrüne Staude

2 x 3 m; benötigt Winterschutz

HEDYCHIUM

Zieringwer, Schmetterlingsblume

Diese große Gruppe tropischer Pflanzen hat wunderbar duftende Blüten und an Mais erinnerndes Blattwerk. Einige Arten können an geschützten Stellen ausgepflanzt werden und verbreiten einen Hauch von Exotik, die meisten sind bei uns leider nur als Kübelpflanze möglich. Die große, auffällige *H. gardnerianum* mit ihren großen orange-farbenen Blütenständen ist sehr schön, wenn Ihr Garten warm genug dafür ist, doch auch *H. spicatum* und *H. densiflorum* sind wertvoll, wenn es darum geht, in einer geschützten Ecke einen exotischen Eindruck zu vermitteln.

Sommergrüne Staude mit Rhizomen

100–150 x 50–100 cm; empfindlich

HELLEBORUS

Nieswurz

Nieswurz ist wegen ihrer zartfarbigen Blüten attraktiv, die im Spätwinter herauskommen. Doch allein wegen ihrer festen glänzenden klar gegliederten Blätter sollte man sie pflanzen. Im Sommer bilden sie einen hübschen Kontrast zu zartblättrigeren Stauden, während die immergrünen Arten im Winter kahle Rabatten beleben. Sie wachsen langsam, doch gut eingewachsen, gedeihen sie in Sonne oder Halbschatten auf guten, nicht zu trockenen Böden.

Die Art *H. lividus* (syn. H. *corsicus*) besitzt wunderschöne graugrüne Blätter, die im Winter am besten zur Wirkung kommen. Zartgrüne Blüten faszinieren nur wenige Leute, doch *H. lividus* ist ein besonders stattlicher Nachbar für die ersten Frühlingszwiebeln. Für mich ist sie eine fast schon grundlegende Rabattenpflanze.

Die grünen Blüten von *H. foetidus*, der Stinkenden Nieswurz, sind kaum interessanter als die von *H. lividus*. Aber ihr Blattwerk ist prachtvoll und fraglos eines der schönsten aller immergrünen Stauden. Die ganze Pflanze bildet einen großen symmetrischen Horst dunkelgrüner, tief

Helleborus

gelappter Blätter und wirkt neben graublättrigen Nachbarn atemberaubend, zumal sie im Winter am klarsten wirkt. Die Sorte 'Wester Flisk' mit sehr engen Blattunterteilungen gehört zu den besten der vielen Sorten mit attraktiven Blattformen und -farben. Sie liebt sonnige Standorte und fruchtbare, alkalische Böden, verträgt aber selbst trockenen Schatten.

Immergrüne Stauden

75 x 100 cm; gut bis völlig winterhart

HERACLEUM MANTEGAZZIANUM

Riesen-Bärenklau

Eine höchst eindrucksvolle Art gigantische Schafgarbe, die alle anderen Grünpflanzen mit ihren großen weißen Blütendolden und tief eingeschnittenen saftiggrünen Blättern weit überragt. Als zweijährige Pflanze muß sie aus Samen gezogen werden, doch meist sät sie sich von selbst aus. Leider kam sie durch hysterische Publicity in Verruf – sie sei ein starker Wucherer, und ihre Blätter seien giftig. Beides ist übertrieben, doch Leute mit empfindlicher Haut sollten sie an sonnigen Tagen besser nicht berühren, da dann gelegentlich Juckreiz auftreten kann. Trockene Fruchtstände eignen sich drinnen wie draußen als prächtiger Winterschmuck.

Sommergrüne zweijährige Pflanze

2,5 x 1 m; völlig winterhart

HOSTA

Funkie

Die Mode kommt und geht, im Garten wie bei Kleidern und Autos. Vor ein paar Jahren waren es Funkien. Wir wurden mit einer Flut von Sorten überschwemmt, die sich

Hosta

alle auffällig ähnlich sahen. Mehr noch, sie wurden oft ohne andere Pflanzen als Kontrast oder Abwechslung nebeneinander gesetzt. Sie haben hübsche Blätter, doch in Massen gepflanzt, ist das Ergebnis so attraktiv wie ein Kohlfeld. Abwechselnd mit Farnen, Salomonssiegeln (*Polygonatum* spp.) und anderen Pflanzen, die an kühlen, feuchten, schattigen Standorten gedeihen, sind sie äußerst wirkungsvoll. Es gibt viele mehrfarbige Sorten und einige mit bläulichen Blättern. Alle haben im Sommer eher ruhige zartlila Blütenähren. Schnecken halten sie für eine Delikatesse.

Fraglos eine gute Strukturpflanze ist die 50 x 75 cm große Art *H. sieboldiana*, mit großen blaugrünen und stilvoll gefalteten Blättern. Wenn Nachbarn es nicht verhindern, wächst sie schön symmetrisch. Daher kann sie in einem formalen Garten auch in einer Vase gepflanzt werden. Hier dürfen Sie nicht vergessen, sie oft genug zu gießen.

Sommergrüne Staude

40 x 40 cm; völlig winterhart

IRIS

Iris

Schwertlilien haben nicht nur sehr schöne kurzlebige Blüten, ihre dicht stehenden, langen Blätter bilden einen wirkungsvollen Kontrast zu vielen anderen Rabattenstauden. Einige Arten sind immergrün; dazu gehören die kleinwüchsigen Hybriden der US-Pazifikküste (bis 40 cm hoch) und die bekannte Bartiris mit 25–75 cm langen Blättern. Während die meisten Arten feuchtere Böden vorziehen, ist die Bartiris eine Pflanze für magere, trockene, sonnenverbrannte Böden. Ihre breiten graugrünen Blätter verleihen jedem Standort Charakter.

Sommer- und wintergrüne Rhizomstauden

Kniphofia 'Tuckii'

Melianthus major

KNIPHOFIA
Fackellilie

Mit ihren aufragenden dichten Kolben roter und orangefarbener Blüten verleiht sie jeder Pflanzung einen exotischen Zug. Die kräftigen Rosetten geschwungener langer Blätter bewirken markante Rhythmuswechsel in einer Rabatte, die sich vom zarteren Blattwerk vieler Rabattenpflanzen abheben. Unter den vielen leicht erhältlichen Arten und Hybriden ragt die recht winterharte, 1,2 x 1 m große, *K. caulescens* heraus, die mit ihren grau getönten Blättern und dicken, holzigen Stengeln wie aus einem Safari-Park entlaufen wirkt.

Sommergrüne und immergrüne Stauden

100 x 60 cm; etwas empfindlich

LYSICHITON AMERICANUS
Scheinkalla

Nach dem Mammutblatt ist dies die größte winterharte Uferpflanze, deren Blätter über 1 m lang werden können und Unkraut wirksam ersticken. Sie ist elementar für einen tropischen oder urzeitlichen Stil, benötigt jedoch viel Platz. Die sattgelben aronstabartigen Blüten mit deutlichen Kappen kommen vor den Blättern aus dem Morast. Ähnlich, jedoch etwas kleiner und weiß blühend, ist *L. camtschatcense.*

Sommergrüne Staude

1 x 2 m; völlig winterhart

MACLEAYA MICROCARPA
Federmohn

Mit seinen hohen Stengeln, die rosa-graugrüne fein gelappte Blätter tragen, ist er eine besonders elegante Staude. Die vielen, winzigen Blüten sind eigenartigerweise fleischfarben und federartig zusammengefaßt. Er ist eine der Pflanzen, die jedem Standort Würde verleiht, dem Naturgarten wie der Rabatte, und seine zarte Farbe paßt zu fast allem, zu Pastelltönen wie zu leuchtenden Farben. Verbreitet sich auf jedem Boden stark, bevorzugt feuchte Standorte. *M. cordata* ist sehr ähnlich, dehnt sich aber weniger breit aus. Benötigt Sonne oder Halbschatten.

Sommergrüne Staude

2 x 1 m; völlig winterhart

MELIANTHUS MAJOR
Honigstrauch

Sein großes, graues, sorgfältig gegliedertes und fein gezahntes Blattwerk ist eine wunderschöne Zierde für jede Rabatte. In sehr mildem Klima bildet er rasch einen Busch, wobei die Blätter auf einem trostlosen Stengel sitzen, eine Anordnung von befremdlichem Charme. Meist wird er daher jährlich zurückgeschnitten, zumal das junge Grün der Pflanze ihren Namen gab. Im Frühsommer erzeugt er spitze tiefrote Blüten. Ist bei uns nur als Kübelpflanze möglich, ist aber nicht anspruchsvoll.

Immergrüner Halbstrauch

3 x 1,5 m; empfindlich

MUSA BASJOO (SYN. M. JAPONICA)
Japanische Faserbanane

Bananen haben unglaublich tropisch wirkende Blätter, und diese ist praktisch winterhart. Die bis zu 1 m langen Blätter haben eine eigentümlich zugespitzte und geschwungene Form mit tiefen parallelen Adern. Sie kann bei uns nur als Kübelpflanze gehalten werden, treibt aber bei Schäden an der Krone von der Wurzel her neu aus. Wichtig ist auch Schutz vor dem Wind, der die Blätter zerfetzt. Die Pflanze benötigt einen Standort in voller Sonne und guten Boden.

Immergrüne Staude

2 x 1 m; empfindlich

OPHIOPOGON PLANISCAPUS 'NIGRESCENS'

Schlangenbart

Ihr fast schwarzes grasartiges Blattwerk, die zartlila Blüten, gefolgt von schwarzen Beeren machen den Reiz dieser Staude aus. Sie paßt gut zu Silber-, Rosa- und Pastelltönen. Bei uns nur im Kübel möglich, wächst sie langsam in Sonne oder Halbschatten.

Immergrüne Staude

20 x 30 cm; empfindlich

PAEONIA

Pfingstrose

Pfingstrosen werden wegen ihrer üppigen Blüten gepflanzt. Da die meisten aber so kurz blühen, daß Sie die Blüte zwischen zweimal Hinsehen bereits verpassen, sollte man sie auch wegen ihres meist prächtigen Blattwerks in Betracht ziehen. Sie sind meist buschig, 60 cm hoch und haben gelappte Blätter. Hübsch sind die Blätter der gelb blühenden *P. mlokosewitschii*: graugrün und sanft abgerundet. Die Strauchpfingstrosen sind sommergrüne Gehölze, die bis 3 m hoch werden, sie haben großlappige Blätter, die sich im Herbst ein wenig verfärben.

Sommergrüne Stauden oder Sträucher; völlig winterhart

PETASITES

Pestwurz

Flaumige Blüten sind im Frühling Vorboten der gefälligen herzförmigen Blätter, die aus unterirdischen Rhizomen wachsen und einen attraktiven, wirksamen Bodendecker abgeben. *P. album* ist eine der kleinsten Arten, bis 30 cm hoch und sehr schattenverträglich. Die anderen, vor allem *P. japonicus*, werden bis zu 75 cm hoch und verbreiten sich auf feuchtem Grund wie ein Lauffeuer. Sie wurden gewarnt! Passen gut zu Mammutblatt und Sumpfpflanzen.

Sommergrüne Stauden mit Rhizomen

völlig winterhart

PHORMIUM TENAX

Neuseeländer Flachs

Dies ist die größte winterharte unter den Rosetten mit spitzen, schwertförmigen Blättern. Als solche ist sie unverzichtbar, wo ein Stil wie „agressive Modernität" oder „kosmopolitischer Exorzismus" angestrebt wird. Zwischen den üblichen runden Büschen sorgt er für einen willkommenen Rhythmuswechsel. Ältere Pflanzen treiben eher triste rote Blüten auf etwas eindrucksvolleren Spitzen. Es gibt viele Sorten, viele sind kleiner oder besitzen mehrfarbige Blätter, doch sie unterscheiden sich erheblich hinsichtlich der Winterhärte. Windgeschützte sonnige Standorte ohne Staunässe.

Immergrüne Staude

1,5 x 2,5 m; etwas empfindlich

PODOPHYLLUM

Fußblatt

Üppige, tief gelappte Blätter machen den ausgeprägten Charakter dieser Pflanze aus. Auf die kleinen, blaßrosa Blüten im

Phormium tenax

Rodgersia und Farne

Frühling folgen im Herbst große pflaumenartige Früchte. Liebt schattige, kühle, feuchte humose Standorte, paßt sehr gut zu Farnen und Funkien.

Sommergrüne Staude

50 x 30 cm; völlig winterhart

RODGERSIA

Rodgersie

Noble, üppige Pflanzen für Ufer und kühle, feuchte Standorte. Ihre großen, oft bronzefarbenen Blätter sind die Hauptsache, doch auch die Blüten sind attraktiv – große Rispen mit zarten, cremefarbenen Blüten. Eine der kleineren Arten, *R. pinnata*, blüht rosa und hat doppelt gefiederte Blätter. *R. aesculifolia* ist eine der größten Arten mit Blättern wie bei einer Roßkastanie. *R. podophylla* ist nützlich, wo eine stark wuchernde Pflanze gewünscht ist (und ein Ärgernis, wo nicht!). Eng verwandt ist *Astilboides tabularis* mit bis zu 90 cm großen, runden, ungeteilten Blättern, gedeiht unter ähnlichen Bedingungen. Ihre Blütenrispen werden bis zu 1,50 m hoch.

Sommergrüne Stauden mit Rhizomen

100 x 60–100 cm; völlig winterhart

SILPHIUM

Sie überragen andere Stauden und geben einem Steppen- oder Naturgarten nobles Format. Wegen ihrer Höhe und ihres solitären Charakters lassen sie sich nur schwer in übliche Rabatten integrieren. *S. terebinthaceum* hat besonders große Blätter, die größte Art ist wohl *S. perfoliatum*. Sie bevorzugen volle Sonne und gute, feuchte Böden ohne Staunässe.

Sommergrüne Stauden

1,8–2 m x 50 cm; benötigt Winterschutz

UMBELLIFERAE

Doldenblütler

Doldenblütler wurden früher als Unkraut betrachtet. Erst die Gartendesigner der neuen Generation beginnen sie zu schätzen. Kräftig aufrechte Stengel und ausgeprägtes Blattwerk sind ihre begehrtesten Eigenschaften, obgleich auch die feinen Blüten bisweilen ein Argument sind. Liebstöckel, *Levisticum officinale*, ist eine bis 2 m hohe Staude, eine wertvolle Ergänzung der Rabatte. *Peucedanum verticillare*, das ebenso groß wird, und *Ferula communis*, die erst nach mehreren Jahren ihre 3 m hohen Blütenstiele ausbildet, werden ebenfalls zunehmend angepflanzt. Beide sterben nach der Blüte ab und müssen immer wieder neu aus Samen gezogen werden. Die etwa 60 x 60 cm große Süßdolde, *Myrrhis odorata*, ist eine zarte, weißblühende, glattblättrige Pflanze für sonnige oder schattige Standorte, während das bis zu 150 cm hohe *Selinum tenuifolium* wegen seiner dunklen, weichen Blätter noch begehrter ist.

Sommergrüne Stauden

Gut bis völlig winterhart

VERATRUM NIGRUM

Schwarzer Germer

Die eher finsteren dunkel-lila Blüten dieser Staude wecken nur wenig Begeisterung, doch ihre sauber gefalteten Blätter sind ein ausgeprägtes Merkmal, ebenso wie ihr aufrechter Wuchs. Sie lassen sich nur schwer vermehren, was sie so teuer macht. Liebt kühle, gute Böden und schattige Standorte. Ihre Rhizome sind giftig.

Sommergrüne Staude mit Rhizom

150 x 50 cm; völlig winterhart

Selinum tenuifolium

BÄUME UND STRÄUCHER

ACACIA DEALBATA

„Mimose"

Ein bekannter Baum aus dem Mittelmeerraum, dessen wunderbar duftende Blüten den Frühlingsanfang anzeigen, mit grauem, sehr fein gefiedertem Laub und aufrechtem Wuchs. Bei uns ist sie nur als Kübelpflanze möglich. Vorsicht! Wächst mitunter beängstigend rasch.

Immergrüner Baum

10 x 6 m; empfindlich

A. pravissima

Weniger empfindlich als *A. dealbata* und etwas kompakter, ist diese freiblühende Art gut vor einer schützenden Mauer. Besitzt eigenartige, hübsche dreieckige Blätter und gelbe Blüten im Spätfrühling. Gedeiht bei uns nur als Kübelpflanze.

Immergrüner Strauch

3 x 2,5 m; empfindlich

Aralia elata 'Aureovariegata'

ACER PALMATUM

Japanischer Fächerahorn

Seit Jahrhunderten nimmt der Zwergahorn in japanischen Gärten besonderen Raum ein. Da er als Einzelstamm wächst, gilt er trotz seiner geringen Größe als Baum und nicht als Strauch. Er wächst ausladend, die Formen der einzelnen Sorten unterscheiden sich jedoch erheblich und reichen vom Zwergenwuchs des 'Dissectum', der als ältere Pflanze an einen vegetabilen Troll erinnert, dessen Haar bis zum Boden reicht, bis zu der klaren Miniaturbaumform der 'Osakazuki'. Ältere Bäume sind wegen der Zickzackform der Äste interessant. Fächerahorn wird vor allem wegen seiner Blätter gepflanzt, die bei eindrucksvoller Formenvielfalt von grün über blutrot bis zu purpurn reichen. Die Herbstfärbung ist spektakulär. Er benötigt feuchten, leicht sauren Boden und Schutz Wind und vor starker Sonne.

Sommergrüner Zwergbaum

1,5–5 x 2–5 m; völlig winterhart

AILANTHUS ALTISSIMA

Götterbaum

Unempfindlich gegen verschmutzte Luft, erzeugt dieser schnell wachsende Baum an windgeschützten Stellen einen Hauch von Exotik. Seine gefiederten Blätter werden bis zu 60 cm lang. Der Götterbaum ist mit den meisten Böden zufrieden.

Sommergrüner Baum

20 x 12 m; völlig winterhart

ARALIA ELATA

Hohe Aralie, Teufelskrückstock

Ein ausgeprägter Strauch, der zunächst nur einen einzelnen dornigen Stamm, später einige Äste entwickelt. Im Alter wird er zum Dickicht. Die bis zu 1 x 1 m großen Blätter

sind doppelt gefiedert, d. h. sie verzweigen sich zuerst in zwei Stiele, die die Blättchen tragen. Auf große Büschel weißer Blüten folgen schwarze Früchte. Gedeiht auf jedem leicht feuchten Boden. Wächst in der Jugend recht rasch.

Sommergrüner Strauch

3 x 3 m; benötigt Winterschutz

ARAUCARIA

Araukarie

Es gibt nichts so Sonderbares, Vorzeitliches wie eine Araukarie. Mit ihren verzweigten, mit dunklen Nadeln bedeckten Ästen muß sie einfach isoliert gesetzt werden, damit nichts in ihrer Umgebung von ihrer einzigartigen Pracht ablenkt. Die besten Sorten bilden eine hohe Kuppel und tragen bis zum Boden herab Zweige und Blätter. Sehr windverträglich, bei uns nur als Kübelpflanze möglich.

Immergrüner Baum

25 x 10 m; empfindlich

Acer palmatum 'Dissectum'

ARBUTUS

Erdbeerbaum

Ihre ausgeprägte, verzweigte Gestalt, die durch das spärliche Blattwerk gut sichtbar ist, macht diese kleinen Bäume zu ausgeprägten Strukturpflanzen. Auch ihre rotbraune Borke, ihre herzförmigen Blüten und roten Früchte sind attraktiv. Sie gedeihen in mildem, feuchtem Klima in leichtem Schatten, Staunässe vertragen sie nicht. Bei uns nur als Kübelpflanzen möglich. *A. unedo*, *A. andrachne* und *A.* x *andrachnoides* sind sehr bekannt, *A. menziesii* ist etwas empfindlicher, hat aber eine attraktive Borke.

Immergrüne Bäume

5 x 5 m; empfindlich

BUXUS SEMPERVIRENS

Buchsbaum

Der beliebte Strauch ist ideal für Hecken und Zierschnitt, da seine dunkelgrünen glänzenden Blätter sehr dicht wachsen; er treibt auch aus altem Holz aus und wächst so langsam, daß sich Zierschnitte lohnen, und schnell genug, um interessant zu sein. Es gibt mehrere Arten, auch solche mit mehrfarbigen Blättern, und eine Zwergform – 'Suffruticosa' – die ideal ist für die niedrigen Hecken, über die Sie in Bauerngärten stolpern. In Spezialbaumschulen gibt es auch verwandte Arten, die meisten mit ähnlich klarem Laub und dichtem Wuchs. Der Buchbaum verträgt keine Staunässe und wächst umso rascher, je besser der Boden ist. Er gedeiht auch im Schatten überraschend gut.

Immergrüner Strauch

4 x 4 m; völlig winterhart

CATALPA BIGNONIOIDES

Trompetenbaum

Dieser rasch wachsende Baum mit großen, etwa dreieckigen Blättern wirkt stets frisch und gesund. Zunächst wächst er aufrecht, später in die Breite und bildet so einen noblen Solitärbaum für eine große Wiese oder einen Hof. Auf Ähren weißer Blüten folgen die charakteristischen langen, bohnenartigen Früchte. Guter, fruchtbarer Boden und Windschutz sind erforderlich. Der Baum erreicht ein beachtliches Alter.

Sommergrüner Baum

12 x 12 m; gut winterhart

CHAMAEROPS HUMILIS

Zwergpalme

Die buschartige Zwergpalme mit vielen Stielen, fächerförmigen Blättern und unscheinbaren gelben Blüten im Sommer vermittelt gemeinsam mit Yuccas und anderen stacheligen Pflanzen den Eindruck von Halbwüste. Nur als Kübelpflanze möglich.

Immergrüne Palme

1,5 x 2 m; empfindlich

CHOISYA TERNATA

Orangenblume

Dieser verbreitete, pflegeleichte und dankbare Strauch ist zwar recht formlos und neigt zum Verwildern, wenn er nicht ab und zu beschnitten wird, seine kleinen, sauberen, glänzenden Blätter wirken aber heller und weniger bedrückend als die anderer immergrüner Pflanzen. In Rabatten läßt er sich gut mit krautartigen Stauden kombinieren. Die gelbblättrige Sorte 'Sundance' wirkt auf viele so, als sei sie furchtbar krank. Die aromatischen weißen Blüten erscheinen im Frühsommer. *Choisya* verträgt Schatten, Sonne und die meisten Böden. Bei uns nur als Kübelpflanze möglich.

Immergrüner Strauch

2 x 2 m; empfindlich

CORDYLINE AUSTRALIS

Keulenlilie

Früher eine Seltenheit, wurde sie zur Yuppie-Pflanze der 80er Jahre schlechthin – wohl weil ihre Rosette geschwungener langer graugrüner Blätter jeder Anpflanzung einen Zug von dynamischer Energie verleiht. Da sie als Blickfang sehr intensiv

Arbutus x *andrachnoides*

sind, sollte man sie sparsam einsetzen, da sie leicht zu viel Aufmerksamkeit anziehen. Meist werden sie in dekorativen Kübeln gehalten, benötigen aber Winterschutz für die Wurzeln. Sie vertragen die meisten, besonders trockene Böden, benötigen volle Sonne und Schutz vor kaltem Wind. Milde Küstenwinde und Brisen vertragen sie gut. Die empfindlichere Sorte 'Atropurpurea' hat braune Blätter.

Immergrüner Strauch

4 x 3 m; empfindlich

CORNUS CONTROVERSA

Diese Hartriegelart wächst etagenförmig wie ein Hochzeitskuchen und trägt daher einen formalen Zug in Waldungen oder bildet eine eindrucksvolle Solitärpflanze auf einer großen Wiese. Sie hat weiße Blüten

Cotoneaster horizontalis

im Frühling und attraktives Herbstlaub. Sie gedeiht auf den meisten Böden in Sonne oder Schatten, bevorzugt tiefe fruchtbare Böden. Mittlere Wuchsgeschwindigkeit.

Sommergrüner Baum

7 x 6 m; völlig winterhart

COROKIA COTONEASTER
Zickzackstrauch

Der Name sagt alles. Gelbe Blüten im Frühling und rote Früchte im Herbst verleihen dieser besonders plastischen kleinen Pflanze einen Hauch von Zierde. Benötigt sauren Boden, wächst langsam, bei uns nur als Kübelpflanze möglich.

Sommergrüner Strauch

60 x 100 cm; empfindlich

CORYLUS AVELLANA 'CONTORTA'
Korkenzieherhasel

Freunde natürlicher Plastizität lieben sie, andere hassen sie wegen ihrer Geschraubtheit. Die gewundenen Zweige, besonders mit Kätzchen, verleihen ihr im Winter Format, doch im Sommer sind gedrehte Blätter weniger attraktiv. Sie ist meist gepropft, entfernen Sie daher alle Schößlinge und Bodentriebe. Anspruchslos, wächst langsam.

Sommergrüner Strauch

3 x 4 m; völlig winterhart

COTONEASTER HORIZONTALIS
Zwergmispel, Cotoneaster

Ihre Verbreitung sollte uns nicht daran hindern, ihre einzigartige fischgrätartige Wuchsform zu schätzen. Feine, glänzende dunkle Blätter bedecken die flachen Zweige, und auf rosa Blüten im Frühsommer folgen im Herbst Massen kleiner roter Beeren. In der Natur überwuchert sie Felsen, im Garten auch Hauswände, selbst schattige Mauern. Sie ist anspruchslos und robust. Mittlere Wuchsgeschwindigkeit.

Immergrüner Strauch

1 x 3 m; völlig winterhart

CUPRESSUS SEMPERVIRENS
Zypresse

Seit den Römern ist diese extrem ornamentale, himmelstrebende Zypresse, die an toskanische Hügel erinnert, im Mittelmeerraum sehr beliebt. Sie verträgt keine Staunässe, jedoch Trockenheit. Bei uns kann sie nur im Kübel gehalten werden und benötigt einen sonnigen, windgeschützen Standort.

Immergrüner Baum

15 x 1,5 m; empfindlich

EMBOTHRIUM COCCINEUM
Chilenischer Feuerstrauch

Nur wenige Bäume wecken so starke Aufmerksamkeit wie dieser mit seinen orangen Blüten im Frühjahr. Doch das sollte nicht von seiner fast senkrechten, fächerigen Form ablenken, die besonders als Gegensatz zu den massiven Formen anderer Rhododendronarten dienen kann. Er ist bei uns nur im Kübel möglich, braucht Schutz vor Staunässe, kaltem Wind und praller Sonne. Wächst vernünftig schnell.

Immergrüner Baum

8 x 4 m; empfindlich

ERICA ARBOREA
Baumheide

Dieser buschige Strauch mit aufwärts strebenden Zweigen ist im Frühling voll mit weißen Blüten. Er wirkt nicht besonders sauber, bildet aber einen guten Kontrast zu

Erica arborea

niedrigerer Erika. Wind- und frostgefährdet, braucht sauren Boden, wächst langsam.

Immergrüner Strauch

4 x 4 m; etwas empfindlich

ERIOBOTRYA JAPONICA

Wollmispel

Meist wird diese buschige Pflanze vor eine schützende Mauer gesetzt, denn sie ist bei uns meist nur als Kübelpflanze möglich. Die glänzenden, stark geäderten, länglichen Blätter, die an die von Eßkastanien erinnern, bestimmen ihren Gesamteindruck. Im Frühherbst trägt sie große Trauben duftender weißer Blüten. Am leichtesten zieht man sie aus den Samen gekaufter Früchte (Loquats), die birnenförmig und dunkelgelb sind. Verträgt jeden guten Boden. Mittlere Wuchsgeschwindigkeit.

Immergrüner Strauch

5 x 8 m; empfindlich

EUCALYPTUS

Eukalyptus

Er ist ein attraktiver, rasch wachsender Baum mit duftendem, dichtem, silbrigem Laub, oft heller oder gescheckter Rinde und fremdartigem Aussehen, der meist aufwärtsstrebend wirkt. Jüngere Pflanzen haben abgerundete, silbrige Blätter, die älteren längere, weidenartige. Bei vielen Arten kann man das Junglaub erhalten, indem man die Pflanze alle paar Jahre zurückschneidet. Sie sind anspruchslos, vertragen aber keine Staunässe und sind bei uns nur als Kübelpflanze möglich.

Es gibt eine überwältigende Vielfalt sich oft stark ähnelnder Arten, die sich aber erheblich hinsichtlich ihrer Empfindlichkeit unterscheiden – wenden Sie sich an eine Spezialbaumschule. Am leichtesten erhält man *E. coccifera, E. gunnii, E. globulus* und *E. niphophila*, die unterschiedlich hoch und breit werden.

Immergrüne Bäume und Sträucher

empfindlich

EUCRYPHIA

Sie sind vor allem für ihre wunderbaren, zarten weißen Blüten bekannt, die im Hochsommer erscheinen. Die meisten haben einen klaren, aufrechten Wuchs und feines glänzendes Blattwerk. *E.* x *nymansensis* 'Nymansay' gilt als beste. *E. glutinosa* wächst besonders aufrecht, *E. lucida* hingegen runder und hat ausgeprägt dicke, gräuliche, dicht stehende Blätter. Sie bevorzugen feuchte, saure Böden ohne Staunässe, vertragen aber auch leicht basische. Leichter Schatten ist ideal, sie eignen sich – allerdings nur als Kübelpflanze – für einen Standort in Waldungen.

Immergrüne Bäume und Sträucher

8 x 4 m; empfindlich

FATSIA JAPONICA

Aralie

Die großen handförmigen Blätter machen die Aralie zu einer winterharten Pflanze, die sehr exotisch oder tropisch wirkt. Sie bildet

Eucalyptus perriniana

in sonniger oder halbschattiger Lage einen dichten, glänzenden, rundlichen Strauch und treibt im Herbst cremeweiße Blütentrauben. Ideal für einen schattigen Hof mit Farnen und Funkien. Verträgt jeden guten Boden, bei uns nur als Kübelpflanze.

Immergrüner Strauch

3 x 3 m; empfindlich

FICUS CARICA

Feige

Feigen tragen (in wärmerem Klima) nicht nur köstliche Früchte, sondern auch exotisch wirkende Blätter. Sie gedeihen auf jedem Boden ohne Staunässe an wind- und frostgeschützten Standorten, lieben die Wärme und genießen daher einen Platz vor

Ginko biloba

Hebe

einer sonnenbeschienenen Mauer. Ihre Früchte reifen nur nach langen heißen Sommern und nur auf magerem Boden oder wenn die Wurzeln beschnitten oder auf einen Kübel beschränkt sind. Ein weiterer Bonus ist die gute gelbe Färbung des Herbstlaubs.

Sommergrüner Baum

6 x 6 m; benötigt Winterschutz

GENISTA AETNENSIS

Ätna-Ginster

Die meisten Ginsterarten sind kurzlebige, etwas unordentliche Sträucher. Diese Art jdoch bildet einen eleganten kleinen Baum mit herabhängenden, spärlich mit zarten Blättern besetzen Zweigen. Sein Umriß ist besonders attraktiv. Im Frühsommer treibt er wie andere Ginster gelbe Blüten. Er bevorzugt trockene, gut durchlässige Böden. Gedeiht bei uns nur als Kübelpflanze.

Sommergrüner kleiner Baum oder Strauch; 5 x 5 m; empfindlich

GINKGO BILOBA

Ginkgobaum, Fächerblatt

Als lebendes Fossil und Dinosaurierfutter bekannt, eignet sich der Ginkgo mit seiner recht schmalen Wuchsform besonders gut für kleinere städtische Gärten, da er sich erst in hohem Alter ausbreitet. Mehrere Sorten wie 'Fastigiata' und 'Tremonia' wachsen dicht und aufrecht. Nicht nur der aufrechte Wuchs, auch die ungewöhnlichen eleganten, fächerförmigen Blätter, die im Herbst gelb werden, machen ihn so interessant. Den Japanern gilt er nicht nur als heilig, sondern auch als feuerfest; sie pflanzen ihn rings um Tempel an. Er schützt sich selbst in gewissem Ausmaß vor Feuer, indem er im Notfall wässrigen Saft ausscheidet. Wächst rasch und leicht auf jedem gut durchlässigen Boden.

Sommergrüner Baum

30 x 5–10 m; völlig winterhart

GRISELINA LITTORALIS

Es gibt nur wenige so ausgeprägte Gehölze wie diesen Neuseeländer mit seinen dicken, glänzend grünen Blättern und plastischem Zweigmuster. Er eignet sich besonders gut für mildes, doch windiges Küstenklima und dient manchmal als formlose Hecke. Vor kaltem Wind und Kälte geschützt, gedeiht er auf dem meisten Böden, selbst in leichtem Schatten, bei uns jedoch nur im Kübel.

Immergrüner kleiner Baum oder Strauch

5 x 5 m; etwas empfindlich

HEBE

Strauchveronika

Aus Neuseeland stammt diese Gruppe kleiner immergrüner Sträucher mit attraktivem Blattwerk und bunten Blüten, die im Hoch- oder Spätsommer erscheinen, wenn die anderen Sträucher verblüht sind. Sie gedeihen in mildem Küstenklima, vertragen jedoch keinen starken Frost oder kalten Wind und werden bei uns oft als Kübelpflanzen gehalten. Generell gilt: je kleiner die Blätter, desto unempflindlicher die Art.

Die kleineren Arten sind die ausgeprägtesten Strukturpflanzen, denn sie bilden bei genügend Licht dichte runde Büsche, die klare, saubere Formen in den Garten tragen. *H. sub-alpina* ist besonders geeignet und wird etwa 1,2 x 2 m groß. Noch dichter wachsen die höheren Zwergarten, die nach ihren kleinen, traubenartigen Blättern, die einer Zypresse ähneln, manchmal "Whipcord-Heben" heißen. *H. cupressoides* 'Boughton Dome' ist eine der bekanntesten.

Hydrangea quercifolia

Sie bildet im Laufe von einigen Jahren einen 50 x 50 cm großen, dichten, langsam wachsenden grünen Busch. Diese Zwergheben scheinen in der ersten Zeit nie zu blühen, doch sie bilden in Verbindung mit Erika, Gräsern und anderen Heidepflanzen eine interessante Alternative zu Zwergkoniferen.

Heben stellen an dem Boden keine Ansprüche, vertragen allerdings keine Staunässe, und mit Ausnahme der Zwergformen wachsen sie gemäßigt schnell. Leichter Schnitt hält sie in Form

Immergrüne kleine Sträucher

Benötigen Winterschutz

HYDRANGEA

Hortensie

Hortensien sind mehr als wuschelköpfige hellrosa und hellblau blühende Sträucher. Viele Arten besitzen eine sehr subtile Schönheit und viele sehr ausgeprägte Blätter, die dem Garten kühnes Blattwerk oder einen Hauch von Exotik verleihen. Sie vertragen Schatten gut und benötigen feuchte, am besten saure oder nur leicht basische Standorte.

Sommer- und immergrüne Sträucher und Kletterpflanzen; gut winterhart

H. aspera und verwandte Arten

Wenn das Attribut 'vulgär' auf die hellen, nickenden Hortensien paßt, dann paßt 'aristokratisch' auf diese. Riesige, dicht behaarte, dunkelgrüne Blätter auf steil aufragenden Stielen prägen den Eindruck dieser Pflanze, der durch die Blütenstände verstärkt wird, jeder ein Meer aus fruchtbaren kleinen hellila Blüten, umgeben von einem weiten Ring aus sterilen weißen. Es gibt drei sehr ähnliche Arten: *H. aspera, H. villosa* und *H. sargentiana*, die oft als Unterarten von *H. aspera* bezeichnet werden. Es kann lange dauern, bis sie anwachsen, und man braucht viel Geduld, zumal sie wie tote Stiele wirken, ehe sie recht spät Blätter treiben. Wenn sie sich erst einmal wohl fühlen, vor allem an halbschattigen, windgeschützten Plätzen, bekommen sie auch Schößlinge und bilden schließlich große Haufen.

Sommergrüne große Sträucher

2,5 x 3 m; gut winterhart

H. quercifolia
Eichenblättrige Hortensie

In den kleineren Garten trägt auch diese etwas konventionellere Art ausgeprägtes Blattwerk mit weißen Blüten im Sommer und guter orange-roter Herbstfarbe. Der Name rührt von der gelappten Form der Blätter her, die an Eichen erinnert.

Sommergrüner Strauch

2 x 2 m; gut winterhart

ILEX

Stechpalme

Es gibt viele Stechpalmenarten, und fast alle sind dekorativ. Die immergrünen sind besonders nützlich als Strukturelement im Garten. Ihr recht langsamer, dichter Wuchs in sauberen Formen eignet sich auch für einen wirkungsvollen Schnitt.

Die Gemeine Stechpalme, *I. aquifolium*, wird 6 x 3 m groß, ist völlig winterhart und wegen der roten Beeren, die die weiblichen Pflanzen bilden, wohl bekannt. Oft wird sie zur Hecke geschnitten, doch bildet sie mit ihrem aufrechten Wuchs und den dunklen Blättern auch ohne Schnitt einen guten Rahmen. Es gibt einige Sorten und Hybriden, viele mit gold oder silbern gerahmten Blättern.

I. crenata, die Japanische Stechpalme, ist eine Zwergform, nur 1 x 1,5 m groß, mit ihren kleinen dunklen Blättern eher ein Buchsbaum als eine Stechpalme. Ihr dichter Wuchs macht sie ideal für Zierschnitte, doch sie wächst sehr langsam.

Es gibt auch einige bunte Arten, die in Sonne oder Halbschatten gedeihen, keine verträgt Staunässe.

Immergrüne Sträucher; völlig winterhart

JUNIPERUS SCOPULORUM 'SKYROCKET'

Abgesehen von *Cupressus sempervirens* ist dieser Wacholder der schlankste Baum, den es gibt, verträgt kalte Winter aber besser. Ideal als Akzent und vertikales Element in flachen Rabatten, hat er zudem attraktives, schuppenartiges Blattwerk. Ähnlich, doch kleiner, selten über 3 m hoch, ist *Juniperus communis* 'Hibernica'. Volle Sonne und gut durchlässiger Boden sind erforderlich. Gemäßigte Wuchsgeschwindigkeit.

Kleine immergrüne Konifere

8 m x 50 cm; völlig winterhart

Mahonia japonica

LAURUS NOBILIS
Lorbeer

Der Lorbeerbaum wurde schon von den Römern kultiviert. Seine ovalen dunkelgrünen Blätter allein sind bereits attraktiv, doch was ihn für uns so wertvoll macht, ist, daß er sich problemlos schneiden und in einem Kübel halten läßt, was bei uns auch die erforderliche Form der Haltung ist. Nicht viele Sträucher eignen sich zur Kübelhaltung, doch Lorbeer verträgt sie gut, sofern er im Sommer gegossen und und mit Nährstoffen versorgt wird. Dadurch ist er ideal für Balkons, Dachgärten und andere begrenzte Plätze. Oft sieht man ihn als Hochstamm, Pyramide oder Kugel, häufig im Zentrum einer klassischen regelmäßigen Anlage. Wenn Ihnen das zu klischeehaft erscheint, schneiden Sie die Pflanze in eine phantasie-vollere Form. Für Kübelpflanzen ist Winterschutz essentiell. Lorbeer verträgt keinen kalten Wind und gedeiht an warmen, feuchten Standorten.

Immergrüner Strauch

5 x 4 m; völlig winterhart

LIGUSTRUM LUCIDUM
Liguster

Liguster steht in dem Ruf, besonders steife Hecken zu bilden. Doch deshalb sollte man ihn nicht generell verdammen: Diese aufrecht wachsende Art bildet glänzende, spitz zulaufende, Blätter, Trauben weißer Blüten und wächst recht rasch, wenn man sie in Ruhe läßt. Entfernt man alle Seitentriebe, so entsteht ein schlanker, konischer Hochstamm, der als Strukturelement im Garten zu seinem Recht kommt. Er stellt an den Boden keine besondere Anstpüche und verträgt etwas Schatten.

Immergrüner kleiner Baum oder großer Strauch; 8 x 8 m; benötigt Winterschutz

LONICERA NITIDA
Geißblatt

Geißblatt ist ebenso verkannt wie Liguster, da es als niedrige Hecke bei all jenen äußerst beliebt ist, die keine Gartenarbeit mögen. Bei guter Pflege kann es jedoch als Alternative zu Buchsbaum betrachtet werden. Seine kleinen, sauberen Blätter und dichten Zweige lassen sich gut schneiden. Sollte es mit der Zeit verholzen und unattraktiv werden, bringt es ein radikaler Rückschnitt wieder in Form. Es gibt eine gelbe Sorte, 'Baggesen's Gold'. Anspruchslos, verträgt auch Schatten.

Immergrüner Strauch

1,5 x 3 m; gut winterhart

MAGNOLIA
Magnolie

Eine vielseitige Gattung, zu der unsere schönsten blühenden Bäume gehören. Zwei

Olearia x macrodonta

Arten seien besonders hervorgehoben:

M. delavayi hat die größten Blätter aller winterharten Bäume und ist für den Garten im tropischen Stil ein absolutes Muß. Ältere Pflanzen tragen große cremefarbene Blüten. Warmes Klima ist ideal, doch auch im Schutz einer warmen Mauer bildet sie einen großen Strauch.

M. grandiflora hat große, glänzende, fast lorbeerartige Blätter. Wie *M. delavayi* hat sie riesige weiße, duftende Blüten, und einige Sorten wie 'Exmouth' blühen relativ jung. Meist als Strauch vor einer warmen Mauer gehalten, verträgt sie auch Formung und Schnitt gut und tritt daher manchmal als große, exotisch wirkende Kletterpflanze in Erscheinung. Gut winterhart, sollte sie auch in kühlerem Klima häufiger als frei stehender Baum gepflanzt werden. In warmem Klima gedeiht sie optimal.

Sommer- oder immergrüne Bäume und Sträucher; 14–15 x 8 m; gut winterhart

MAHONIA

Mahonien sind ausgezeichnete und leicht erhältliche Strukturpflanzen mit großen Blättern, die in viele stechpalmenartig spitze Blättchen gefiedert sind. Die meisten bilden edle aufrechte Sträucher, doch das kann Jahre dauern. Sehr eindrucksvoll ist *M. lomariifolia* mit ihren langen, schmalen Blättern. *M.* 'Lionel Fortescue' ist ähnlich, dabei weniger empfindlich gegen Frost. Alle haben im Frühjahr gelbe Blütenähren. Sehr leicht erhältlich ist die Sorte 'Charity' mit wunderbar duftenden Blüten. Es gibt auch exzellente kalifornische Arten wie *M. fremontii* mit grauem Blattwerk. Alle benötigen guten Boden, der nicht austrocknet, und vertragen etwas Schatten.

Immergrüne Sträucher

3 x 2 m; gut winterhart

MYRTUS
Myrte

Myrten haben dunkelgrüne, ausgeprägt duftende Blätter und weiße Blüten, sind anspruchslos und wachsen in wärmeren Gegenden als Mauersträucher, bei uns meist nur als Kübelpflanzen möglich.

Die dunklen, kleinen Blätter und sein dichter Wuchs machen *M. communis* ideal für Form- und Zierschnitt. Der Strauch ist jedoch etwas empfindlich. Als junge Pflanze wächst er eher rasch.

M. apiculata (syn. *Luma apiculata*) ist ein attraktiver, kleiner Baum mit kleinen Blättern und guter plastischer Wirkung. Seine wundervolle zimtartige Borke schält sich wie bei einem glatten Baum, woraufhin darunter hellere Flecken freigelegt werden.

Immergrüne Sträucher

4–5 x 3 m; empfindlich

NANDINA DOMESTICA

Ein langsam wachsender Strauch mit in kleine Blättchen geteilten Blättern, die an Bambus erinnern und einen ostasiatischen Eindruck vermitteln. Aus ihm werden traditionell Eßstäbchen hergestellt. Das Laub ist im Frühling rötlich, und im Herbst wird es orange. Verträgt jeden vernünftigen Boden und Halbschatten, ist bei uns jedoch nur als Kübelpflanze möglich.

Sommergrüner Strauch

1 x 1,5 m; empfindlich

NOTHOFAGUS ANTARCTICA
Südbuche

Dieser Baum mit kleinen, im Herbst goldgelben Blättern fällt durch seine zickzackförmigen, dicht verzweigten Äste auf. Er gedeiht bei uns meist nur als Kübelpflanze.

Sommergrüner Baum

20 x 10 m; benötigt guten Winterschutz

OLEA EUROPAEA
Olive

Die knorrigen Stämme alter Ölbäume stoßen überall auf Bewunderung. Auch jüngere Bäume mit ihrem dichten, silbrigen Laub sind attraktiv. Manche Sorten sind unempfindlicher, als man denkt, doch ist bei uns Kübelhaltung sicherer. Mittlere Wuchsgeschwindigkeit.

Immergrüner Baum

10 x 10 m; empfindlich

OLEARIA
Margeritenstrauch

Wenn sie blüht, ertrinkt sie fast in weißen oder zartlila Blüten. Manche haben auch eindrucksvolles Blattwerk, vor allem die immergrünen *O. macrodonta* mit graugrünen stechpalmenartigen Blättern mit silbernen Unterseiten, und *O. nummularifolia* mit kleinen, dichten hellgrünen Blättern (der botanische Name bedeutet „Blätter wie Münzen"). Sie vertragen keine Staunässe. Meist als Kübelpflanzen.

Immergrüne Sträucher

3 x 3 m; empfindlich

Phillyrea latifolia

OSMANTHUS DELAVAYI

Schönes glänzendes Blattwerk kennzeichnet diesen Strukturstrauch, der im Frühling süß duftende Blüten trägt. *O.* 'Burkwoodii' gedeiht auch auf mageren Kalkböden. *O. heterophyllus* hat größere, stechpalmenartige Blätter und blüht im Herbst. Er gedeiht auf jedem Boden ohne Staunässe und bevorzugt leichten Schatten, läßt sich bei uns jedoch nur als Kübelpflanze halten.

Immergrüner Strauch

4 x 4 m; empfindlich

PAULOWNIA TOMENTOSA (SYN. P. IMPERIALIS)

Blauglockenbaum

Seine dreieckigen, bis zu 25 cm großen Blätter sind eine Bereicherung, und lange Rispen hellvioletter Blüten verstärken den tropischen Eidruck. Er läßt sich als Einzel- oder Mehrfachstamm halten, durch regelmäßigen Rückschnitt auch als Strauch. Wie oft nach einem Rückschnitt sind die neuen Blätter dann größer als normal. Blauglockenbäume benötigen volle Sonne und guten fruchtbaren Boden, Windschutz und Schutz vor dem ärgsten Frost.

Sommergrüner Baum

14 x 6 m; gut winterhart

PHILLYREA LATIFOLIA

Diese Verwandte der Olive mit dunkelgrünen, spitzen Blättern läßt sich in Form schneiden oder wächst von selbst in einer gerundeten Form, die recht plastisch ist und an eine kleine Steineiche erinnert. Sie verträgt die meisten Böden und auch Salzluft. Da sie nicht völlig winterhart ist, kann sie bei uns nur im Kübel gehalten werden. Mittlere Wuchsgeschwindigkeit.

Immergrüner Strauch

3 x 3 m ; empfindlich

PICEA OMORIKA

Serbische Fichte

Als schlankste der weihnachtsbaumförmigen Koniferen ist sie ideal für kleinere Gärten. Bemerkenswert anspruchslos, verträgt sie selbst leicht kalkhaltigen Boden und Umweltverschmutzung. Sie wächst an allen Standorten gleich stetig.

Immergrüne Konifere

18 x 4 m; völlig winterhart

PINUS

Kiefer

Kiefern sind eine große, vielfältige, anpassungsfähige und beliebte Gattung immergrüner Bäume. Wir sollten sie uns genauer ansehen, da sie im Unterschied zu den meist sehr symmetrischen Koniferen im Alter zu asymmetrischen, natürlichen Pflanzen-Plastiken werden. Alle sind anspruchslos, sie gedeihen vielfach auf magerem Sandboden. Es folgt nun eine Auswahl der besten Strukturpflanzen:

P. parviflora

Mädchenkiefer

Diese Kiefer finden wir auf chinesischen Porzellan mit Weidenmuster und in der orientalischen Kunst. Schichtenweise wachsende Zweige und ein gebeugter Stamm sind die Kennzeichen dieser sehr langsam wachsenden Art, von der mehrere Zwergformen erhältlich sind.

Immergrüner Baum

20 x 5 m; völlig winterhart

P. radiata

Montereykiefer

Mit seinen reichen grünen Nadeln und der klaren Kuppelform, die sich recht rasch bildet, bildet dieser Baum für größere Gärten einen idealen Windschutz, vor allem in Küstennähe.

Immergrüner Baum

65 x 20 m; völlig winterhart

P. sylvestris

Gemeine Kiefer

Als junger Baum kegelförmig, wird sie später stark asymmetrisch und ist ein äußerst attraktiver Baum für Standorte mit strengen Wintern. 'Fastigiata' ist eine attraktive schlanke Sorte, die selten höher als 6 m wird. Sie gedeiht außer auf seichtem Sandboden überall sehr gut.

Immergrüner Baum

30 x 10 m; völlig winterhart

P. wallichiana

Tränenkiefer

Attraktive, bis zu 20 cm lange blaue Nadeln selbst an jungen Pflanzen machen diese Kiefer auch für ungeduldige Gärtner interessant. Mit den Jahren entwickelt sie eine offene Form und bildet längliche, leicht gebogene Zapfen. Hinsichtlich der Stärke des Blautons unterscheiden sich die einzelnen Pflanzen untereinander ganz erheblich, wählen Sie sie daher sorgfältig

Paulownia tomentosa

Picea omorika

aus. Die Tränenkiefer verträgt die meisten Böden, benötig aber Windschutz.

Immergrüner Baum

35 x 12 m; völlig winterhart

PITTOSPORUM

Klebsame

Die Klebsamen bilden eine große Gruppe attraktiver Pflanzen, sind jedoch schwer erhältlich. Sie gedeihen in mildem oder Seeklima und auf gut durchlässigem Boden. Da sie nicht völlig winterhart sind, müssen sie bei uns im Kübel gehalten werden.

Immergrüne kleine Bäume und Sträucher

P. tenuifolium

Aufrechter Wuchs und dicht wachsende dunkle Zweige machen diesen Busch oder kleinen Baum mit seinen graugrünen Blättern sehr attraktiv. Ich habe ihn noch nicht geschnitten gesehen, doch es ist einen Versuch wert. Die Sorte 'Garnettii' hat weiße, leicht rosa, gebänderte Blätter, 'Silver Queen' ist ebenfalls weiß gemustert, 'Purpureum' hat eine dunkle braun-lila Farbe. Bei uns meist als Kübelpflanze.

Immergrüner kleiner Baum und Strauch

6 x 3 m; empfindlich

P. tobira

Diese Art ist nur für milde Standorte, bei uns für Kübelhaltung geeignet, gedeiht aber auch in Küstennähe und wächst wuchernder als *P. tenuifolium*. Ihre dunkelgrünen, länglichen Blätter sind lederartig, und die Dolden ihrer cremefarbenen Blüten verströmen einen attraktiven Duft.

Immergrüner kleiner Baum und Strauch

4 x 4 m; empfindlich

PODOCARPUS

Steineibe

Große, saftige Nadeln kennzeichnen diese ausgeprägte Konifere, und es ist schade, daß sie nicht häufiger gepflanzt wird. Die alpine Form, mit ihren 2 x 5 m kaum mehr als ein Strauch, ist am leichtesten erhältlich. Zu den größeren Arten gehört *P. salignus*, die 20 m hoch wird und an hängenden Ästen lange Nadeln trägt.

Immergrüne Koniferen

Gut winterhart bis etwas empfindlich

POPULUS LASIOCARPA

Pappel

Ein Baum wie aus dem Regenwald! An geschützten Standorten entwickelt er bis zu 30 cm lange Blätter. Er gedeiht auf jedem vernünftigen Boden ohne Staunässe und wächst langsamer als die meisten anderen Pappelarten.

Sommergrüner Baum

10 x 8 m; gut winterhart

PRUNUS

Kirsche

Kirschen sind so verbreitet, daß sie schon fast kitschig sind. Doch sie werden vielfach aus gutem Grund gepflanzt: Sie wachsen rasch, sind anspruchslos gegenüber Boden- und Lichtverhältnissen und vertragen selbst Umweltbelastungen. Ihre starke Verbreitung sollte einen phantasievollen Gärtner nicht daran hindern, sie im Garten unkonventionell einzusetzen.

Sommer- oder immergrüne Bäume und Sträucher; gut winterhart

P. laurocerasus

Kirschlorbeer

Dieser buschige Strauch kann ausladend wuchern, wie die Besitzer alter viktorianischer Gärten oft feststellen. Nach einem radikalen Rückschnitt bis zum Boden erholt er sich jedoch rasch, treibt neu aus und kann dann zur Hecke geschnitten werden. Allerdings sieht es unsauber aus, wenn in die großen Blätter hineingeschnitten wird. Von den Sorten ist 'Otto Luyken' die bekannteste; sie hat kleinere Blätter und wird nur 1,5 m hoch.

Immergrüner Strauch

8 x 8 m; gut winterhart

P. lusitanica
Portugiesischer Kirschlorbeer

Für unsere Zwecke ist diese Pflanze mit ihrem dichten dunklen Grün viel besser geeignet als *P. laurocerasus*, sie ist kleiner und läßt sich besser in Form bringen. Zu geometrischen Figuren geschnitten, bildet sie in Gärten jeder Größe eine gute Strukturpflanze, und Mutige können sie auch zum Hochstamm schneiden. Einer ihrer größten Vorzüge ist ihre Ähnlichkeit mit Lorbeer, doch im Unterschied zu jenem ist sie winterhart und kann daher an kühleren Plätzen gepflanzt werden, wo Lorbeer bald braun wird.

Immergrüner kleiner Baum oder Strauch

5 x 5 m; gut winterhart

QUERCUS ILEX
Steineiche

Sie müssen mindestens 150 Jahre warten, ehe dieser Baum seine prachtvolle Kuppel voller sauberer, kleiner dunkelgraugrüner Blätter auf plastisch gebogenen Ästen entwickelt. Inzwischen bildet er einen guten, langsam wachsenden, rundlichen Strauch, dessen Blätter sich von denen der meisten anderen immergrünen Pflanzen unterscheiden. Die kleinere Korkeiche, *Q. suber*, ist ähnlich. Sie gedeiht auf den meisten Böden und eignet sich besonders für exponierte Küstengebiete oder auch für

Rhamnus alaternus

Rhododendron pseudochrysanthum

Gegenden mit sommerlicher Trockenheit. Da sie nicht völlig winterhart ist muß sie bei uns als Kübelpflanze gehalten werden.

Immergrüner Baum

12 x 8 m; empfindlich

RHAMNUS ALATERNUS 'VARIEGATUS'

Ein schöner, mehrfarbiger Strauch, der im Unterschied zu anderen nicht krank oder grell wirkt. Die kleinen Blätter sind cremefarben gestreift, mit einem leichten Rosaton, die Pflanze wächst leicht pyramidal und trägt manchmal rote Beeren. Sie benötigt Winterschutz, am besten hält man sie als Kübelpflanze; sie bevorzugt einen Standort im Halbschatten.

Immergrüner Strauch

2 x 2 m; empfindlich

RHODODENDRON (IMMERGRÜNE ARTEN)

Rhododendren werden meist wegen ihrer Blüten gepflanzt und wirken die restlichen elf Monate des Jahres oft finster und wie Friedhofspflanzen, vor allem in größeren Gruppen. Nicht alle jedoch, denn manche haben wundervolles Laub, und die sich schälende zimtartige Rinde mancher Arten ist eine weitere erfreuliche Eigenschaft.

Bereiftes Blattwerk besitzen einige Arten, von denen *R. thomsonii* die bekannteste ist. Doch die großblättrigen Arten sind für uns am interessantesten, die mit großen, dunklen, paddelförmigen Blättern, die eine vage exotische Atmosphäre erzeugen. Schön und leicht erhältlich sind die Arten *R. falconeri*, *R. rex* und *R. sinogrande*, in Spezialbaumschulen finden Sie noch mehr. Unter günstigen Bedingungen werden sie allmählich 3 x 3 m groß. Da sie von den wärmeren Hängen des Himalaya stammen, gedeihen sie in mildem, feuchtem Klima und auf feuchten, sauren Böden. In kühleren Gegenden bieten geschützte Stadtgärten die besten Bedingungen, zumindest für kleinere Pflanzen. Sie sind prachtvoll und rechtfertigen jede Mühe; vor Spätfrösten sollte man sie schützen.

Nur wenige Rhododendren haben eine klare Gestalt, doch *R. yakushimanum* und seine Hybriden bilden eine Ausnahme. Sie bilden dichte Hügel dunklen Blattwerks mit weißen oder rosa Blüten und können etwa 1 x 1,5 m groß werden. Viele Arten besitzen

Taxus baccata

auf den jungen Trieben einen attraktiven rostfarbigen „Pelz".

Sommer- und immergrüne Bäume und Sträucher; meist gut winterhart

RUSCUS ACULEATUS
Mäusedorn, Ruscus

Der Mäusedorn ist eine eigenartige Pflanze mit vertikalen Stielen, die aus dem Boden wachsen und stachlige Blätter (eigentlich umgewandelte Stiele) tragen, die langsam einen dichten Busch bilden. Sie wächst auch in tiefem, sogar in trockenem Schatten und eignet sich für jeden gut durchlässigen Boden. Da sie nicht völlig winterhart ist, gedeiht sie bei uns nur als Kübelpflanze.

Immergrüner Strauch

1 x 1,1 m; empfindlich

SOPHORA TETRAPTERA
Schnurbaum

Gelbe Blüten und schmale, in viele kleine Blättchen gefiederte Blätter, vor allem aber die Zickzackform der Zweige macht diese Pflanze zu einem Muß. *S. microphylla* ist etwas kleiner und weniger empfindlich. Verträgt keine Staunässe und benötigt einen warmen, sonnigen Standort.

Sommergrüner Strauch

3 x 3 m; benötigt Winterschutz

TAMARIX TETRANDRA
Tamariske

Dieser attraktive Strauch verdient größere Verbreitung. Er hat im Spätsommer rosa Blüten und feines, heidekrautartiges Laub. Keine andere Pflanze dieser Größe besitzt eine derart weiche optische Struktur. Sie liebt sonnige Standorte ohne Staunässe, verträgt Salzluft und wächst relativ rasch.

Immergrüner Strauch

3 x 3 m; völlig winterhart

TAXUS BACCATA
Eibe

Eine der vielseitigsten Strukturpflanzen, die sich in praktisch jede Form schneiden läßt, unbeschnitten aber formlos ausufert. Sie treibt auch aus altem Holz wieder aus. Es gibt verschiedene Sorten, manche mit goldgelbem Blattwerk, manche mit aufrechtem Wuchs; die bekannteste ist die Irische Eibe, *T. baccata* 'Fastigiata'. Gedeiht auf jedem fruchtbaren Boden ohne Staunässe, verträgt auch magere, basische Böden.

Immergrüner Baum

10 x 7 m; völlig winterhart

TETRAPANAX PAPYRIFERA
Reispapierbaum

Ihre großlappigen Blätter vermitteln einen Hauch von Exotik, interessant sind auch die cremefarbigen Blütendolden. Benötigt einen sonnigen, geschützten Standort, ist bei uns nur als Kübelpflanze möglich.

Immergrüner Strauch

3 x 3 m; empfindlich

TRACHYCARPUS FORTUNEI
Hanfpalme

Die fächerförmigen Blätter über dem braunen Stamm aus haarigen Stielen toter Blätter vermitteln eine exotische Stimmung oder einen vertikalen Zug. Gedeiht in gut durchlässigen Böden an warmen Standorten mit Windschutz.

Immergrüne Palme

4 x 2 m; mäßig winterhart

TROCHODENDRON ARALIODES

Attraktive efeuartige Blätter zieren diesen langsam wachsenden Baum, der im Sommer strahlige grüne Blüten ohne Blütenblatt treibt. Er bevorzugt pralle Sonne.

Immergrüner Baum

10 x 7 m; mäßig winterhart

VIBURNUM
Schneeball

Eine große Gattung, zu der auch einige ungewöhnliche Pflanzen gehören. Fast alle blühen weiß und tragen rote oder schwarze Beeren. Mittlere Wuchsgeschwindigkeit.

V. alnifolium

Bis zu 20 cm große Blätter, die im Herbst attraktiv orange-rot werden, machen diesen Strauch im Schatten recht dramatisch. Er ist anspruchslos und verbreitet sich horstartig.

Sommergrüner Strauch

3 x 4 m; völlig winterhart

V. plicatum

Ansprechende weiße Blüten, frische grüne Blätter und etagenartige Zweige. Benötigt Platz zur Entfaltung (würde seine Nachbarn erdrücken). Die Art 'Mariesii' hat die klarste Form. Bevorzugt leichten Schatten.

Sommergrüner Strauch

5 x 6 m; gut winterhart

V. rhytidophyllum
Immergrüner Schneeball

Ein feiner Strauch, der durch phantasielosen Einsatz in Verruf geriet. Seine majestätischen, tief geaderten dunklen Blätter verdienen einen guten Platz, an dem man sie aus der Nähe betrachten kann. Die Pflanze benötigt viel Raum, verträgt etwas Schatten und die meisten Böden.

Immergrüner Strauch

5 x 5 m; völlig winterhart

V. tinus
Mittelmeer-Schneeball, Laurustinus

Dieser bekannte Strauch ist trotz seiner großen Verbreitung reizvoll. Seine lorbeerartigen, glänzenden Blätter und sein sauberer Wuchs wirken apart. Die weißen Blüten treibt er mitten im Winter. Sehr robust ist 'French White', 'Gwenllian' ist etwas kleiner, und die robuste 'Lucidum' besitzt besonders großes, glänzendes Blattwerk. Sonnige Standorte ohne Staunässe.

Immergrüne Sträucher

4 x 3 m; gut winterhart

Viburnum plicatum 'Rowallane'

YUCCA

Die langen, spitzen Blattrosetten der Yuccas sind winterhart und leicht erhältlich, elementar für einen exotischen Stil, und sie verleihen jeder Anlage Würze und Dynamik. Als Blickfang heben sie sich dramatisch vom Blattwerk ihrer Umgebung ab. In heißen Sommern tragen die meisten creme-weiße Blüten. *Y. filamentosa, Y. flaccida* und *Y. gloriosa* sind am leichtesten zu bekommen und vertragen die meiste Kälte; in Spezialgärtnereien finden Sie noch weitere Arten. Alle benötigen volle Sonne und sehr gut durchlässige Böden. Die Spitzen stechen und können zu Verletzungen führen.

Immergrüne Sträucher

2 x 3 m; gut winterhart

Yucca filamentosa

ANHANG

Da dies kein „Gärtnern leichtgemacht"-Buch ist, müssen hier keine leicht erhältlichen Informationen wiederholt werden. Es gibt jedoch einige Überlegungen, die speziell Struktur- und Blattpflanzen betreffen. Da viele Leute dazu neigen, sich beim Pflanzenkauf hinreißen zu lassen, habe ich einen Abschnitt über die Auswahl und das Thema Winterhärte von Pflanzen angefügt, da es so viele verführerische Arten gibt, die sehr empfindlich sind. Schließlich folgen ein paar Hinweise über Auswahl und Schnitt von Hecken, Hochstämmen und Zierschnitten.

PFLANZEN FÜR IHREN STANDORT

Die Auswahl von Strukturpflanzen mag vorwiegend eine Frage der Ästhetik sein, doch das täuscht. Die harte Wirklichkeit bei allem, was mit Gärten zu tun hat, steckt in der Frage: „wird es wachsen?". Wir können innerhalb von gewissen Grenzen eingreifen, damit manche Pflanzen wachsen können, doch das ist meist nur kurzfristig möglich. Mit der Natur und nicht gegen sie zu arbeiten, ist stets billiger, macht weniger Arbeit und schädigt die Umwelt weniger. Ob es sich lohnt, die Umwelt Ihres Gartens zu verändern, will sorgfältig überlegt sein, besonders bei jenen Faktoren, die das Pflanzenwachstum bestimmen.

Ein Beispiel: Angenommen Sie wollen großblättrige Rhododendren aus dem Himalaya wie *R. sinogrande* anpflanzen. Wenn Sie in einem milden Klima mit viel Regen im ganzen Jahr leben, erfüllen Sie zwei Kriterien für das Wohlbefinden dieser Pflanzen. Wohnen Sie aber auf einem windigen Felsen, würden ihre großen Blätter nur zerfetzt. Da ohnehin nur wenige Leute ihr Leben mit tosendem Sturm verbringen wollen, könnten Sie über einen Windschutz nachdenken. Kurzfristig bildet ein Paravent, langfristig das Pflanzen rasch wachsender, windresistenter Bäume die Lösung. Jetzt könnten Sie die ersehnten Rhododendren pflanzen. Doch wenn Ihr Boden mager und basisch (kalkhaltig) ist, sollten Sie es vergessen. Selbst wenn Sie große Mengen säurebildender Chemikalien und Tonnen von Torf einsetzen (und damit natürlichen Lebensraum zerstören), ändern Sie damit langfristig nichts, da basisches Grundwasser immer wieder Kalk mitbringt. Wenn Sie die Rhododendren noch immer pflanzen wollen, geht es nur in Kübeln.

Da die Wasservorräte abnehmen und das Bewußtsein für Umweltschädigungen wie Torfstechen und zu viel Düngereinsatz steigt, sollten wir versuchen, den Lebensraum zu verstehen, den unser Garten bietet, und Pflanzen danach auswählen.

Das Gute ist, daß die Zahl der käuflich erhältlichen Pflanzen ständig steigt. Pflanzen, die noch vor wenigen Jahren selten waren, findet man heute viel häufiger, und manchmal darf man sie sogar selbst importieren. Und zugleich ist es möglich, die Bedingungen Ihres Gartens sinnvoll zu steuern und verändern, indem Sie Ihre Pflanzen vor schlechtem Wetter schützen.

WIND UND KÄLTE

An diesen beiden Faktoren läßt sich etwas ändern. Wir sind daran besonders interessiert, denn je geschützter der Garten, desto breiter die Auswahl interessanter, vor allem großblättriger, exotischer Strukturpflanzen, die hier gedeihen. Wind schädigt Pflanzen auf drei Arten: erstens physisch, indem er Pflanzen umwirft oder knickt; zweitens durch Kälte – wenn Luft über lebendes Gewebe streicht (Pflanzen wie Menschen) bewirkt das eine Temperatursenkung; und drittens durch Salz, das Seewind auch ins Land hineinträgt.

Physische und Salzschäden bilden vor allem in küstennahen, nach Westen orientierten Gegenden ein Problem, und es gibt zahlreiche Pflanzen (viele aus Neuseeland) die hiermit fertig werden, aber sie leiden stark unter strengem Frost oder Windkälte. Windkälte tritt in kontinentalem Klima und an Ostküsten auf und ist ein Fluch für viele, besonders immergrüne Pflanzen.

Als wirksamer Windschutz eignen sich Hecken, Knicks oder künstliche Barrieren. Mauern und Wände erzeugen Wirbel und sind daher nicht so effektiv wie Barrieren, die etwas Wind durchlassen.

Auch Frost ist ein entscheidender Faktor. Die Wissenschaft der Winterhärte von Pflanzen ist sehr kompliziert. Um zu verstehen, wie Frost auf Pflanzen wirkt, müssen wir folgendes berücksichtigen:

Kalte Luft kriecht wie eine Flüssigkeit den Hang hinunter. Daher sind die sogenannten Frostlöcher im Tal stets der kälteste Platz. Die wärmsten Plätze sind die Hänge, an denen kalte Luft vorbeiwandert.

Da Land Wärme viel schneller abgibt als Wasser, kann eine große Wassermenge, die Fläche eines Sees, den Frost mildern, bis sie schließlich selbst zufriert. Die Nähe des Meeres senkt die Frostgefahr erheblich, trotz der Tatsache, daß die kalte Luft des Nachts meist zur Küste fließt. Daher sind kleine Inseln meist sehr warme Gegenden.

Frost entsteht hauptsächlich, weil Erde und Pflanzen in klaren Winternächten warme Luft abgeben. Daher ist jede Bedeckung, selbst etwas so Unsolides wie kahle Zweige, geeignet, den Wärmeverlust einzudämmen. Dies sollten wir berücksichtigen, wenn wir überlegen, wie wir Pflanzen vor Kälte schützen können.

Staunässe verstärkt die Frostschäden an Pflanzen. Leichte, sandige Böden und steinige, die gut drainieren, bieten empfindlichen Pflanzen besseren Schutz als Böden, die Wasser halten. Das ist ein Grund, warum Pflanzen in feuchtem Klima unter leichtem Frost stärker leiden als unter strengem Frost in trockenem Klima.

Die Sonne fällt im Winter schräg ein und wärmt daher manche Stellen viel stärker als andere. Während dieser Zeit taut alles rasch, und auch im Boden bildet sich rascher Wärme, die Pflanzen nachts wärmt. Ein Sonnenhang ist besonders begünstigt.

Unter Berücksichtigung all dieser Punkte wäre der ideale Standort für eine Pflanze der Platz vor einem großen Wassertank in der Sonne auf halber Hanghöhe! Da das nicht wirklich praktikabel ist, muß stattdessen eine dicke Mauer als Hitzespeicher dienen. Kein Wunder, daß sonnenbeschienene Hänge und Mauern von Gärtnern und Obstbauern geliebt werden. Der andere Vorteil eines solchen Standorts ist, daß er auch im Sommer, wenn die Pflanze aktiv wächst, heißer ist – ein offensichtlicher Anreiz für Pflanzen aus wärmeren Gegenden, außerdem kann sonnengereiftes Wachstum kaltem Wetter besser standhalten.

Hecken bieten natürlichen Schutz für schwächere Pflanzen und verbessern zugleich die Struktur des Gartens

FROSTSCHUTZ IM WINTER

Die Vernunft besagt, daß wir völlig winterharte Pflanzen wie Bäume oder Hecken für die größeren Strukturelemente auswählen und die Experimente mit empfindlichen Pflanzen auf Details beschränken sollten.

Empfindliche Pflanzen können auf viele Arten wirksam vor Frost geschützt werden. Wie praktisch sie sind, hängt meist von der Größe und Menge der Pflanzen ab, die zu einem bestimmten Pflanzschema gehören.

Abdecken mit Stroh, Rindenmulch, Farnkraut und ähnlichem

Geeignet für: Pflanzen, die im Winter absterben, krautartige Stauden wie Indisches Blumenrohr und Hedychium. Sie können mit einer dicken Schicht dieses Materials bedeckt werden, das mit Draht, Ziegeln, Schnur usw. befestigt wird. Diese Form der Isolierung eignet sich auch als Wurzelschutz für strauchartige Pflanzen, so daß im Falle von Frostschäden die Pflanze neu austreiben kann. Eine andere Variante ist das Einwickeln von Cordylinen und Palmen mit Strohmatten, doch das geht nur bei anhaltender, trockener Kälte, da feuchte und milde Phasen eine Pilzinfektion oder sogar vorzeitigen Austrieb fördern.

Nachteile: Fördert Schößlinge. Leichtes Material fliegt im Garten herum, oder schlimmer noch: in Nachbars Garten!

Abdecken mit Luftpolsterfolie

Geeignet für: Luftpolsterfolie kann auch mit losem Material verbunden werden und

dieses festhalten. Ein sehr guter Isolator, läßt sich leicht mit Draht oder Steinen befestigen.
Nachteile: Erzeugt ein sehr feuchtes, pilzförderndes Klima, besonders in milden Phasen. Sieht furchtbar aus!

Abdecken mit Miniatur-Treibhäusern wie Glasglocken
Geeignet für: Pflanzen mit oberirdischen Teilen, die Schutz benötigen. Luftpolsterfolie an Holzrahmen wie Gemüsekisten geklammert ist eine gute billige Alternative zu Glasglocken. Nicht zu große Pflanzen, die an Mauern wachsen, können geschützt werden, indem man einen plastikbezogenen Rahmen gegen die Mauer lehnt.
Nachteile: Stürme blasen die Plastikrahmen durch den gesamten Garten, wenn sie nicht gut gemacht und gesichert sind.

Ausgraben und hineinholen
Geeignet für: Alles, was klein genug ist, daß es in ein Treibhaus oder den Keller paßt, oder was zurückgeschnitten werden kann. Im 19. Jahrhundert wurden vielfach Agaven, Bananen und Palmen jahrelang im Sommer ausgepflanzt und im Winter hereingeholt.
Nachteile: Ungeeignet für alles, was keine Störungen der Wurzeln verträgt. Außerdem wachsen Pflanzen, was das Bewegen und Auspflanzen nicht gerade erleichtert.

Vermehrung
Geeignet für: Empfindliche Arten, als Rückversicherung. Ableger werden im Sommer genommen und über den Winter ins Haus gebracht; übersteht die Mutterpflanze den Winter, schenken Sie die überschüssigen Pflanzen Ihren Freunden – geht sie ein, können Sie immer noch ein paar Triebe zurückverlangen!
Nachteil: Bei Strukturpflanzen nur bedingt sinnvoll, da diese im Unterschied zu Balkonpflanzen (Margeriten, Osterglocken usw.), die sich ideal vermehren lassen, nicht auf kurzfristige Wirkung angelegt sind und auch langsamer wachsen.

PFLANZEN IN KÜBELN

Lange Zeit war es offenbar modern, bestimmte Pflanzen wie Buchsbaum und Lorbeerhochstämme in Töpfen zu halten. In letzter Zeit kamen Cordylinen und Agaven dazu, und Behältnis und Pflanze bilden einen wirkungsvollen Blickpunkt. Der Vorteil der Haltung in Kübeln ist der, daß die Pflanze nicht zu groß wird; der Topf kann je nach Wunsch, Ideen oder Gartendesign bewegt werden, und natürlich kann er im Winter hereingeholt werden.

Kübelpflanzen haben keinen Kontakt mit der Erde und müssen daher während der Wachstumsperiode ernährt werden. Wöchentliches Düngen ist mühsam, doch inzwischen gibt es Langzeit-Nährstofftabletten, die im Frühling in die Erde gesteckt werden und bis zum Herbst halten. Alle Nährstoffe sollten darin gut ausbalanciert sein und Stickstoff, Phosphor und Kalium in etwa gleichen Mengen enthalten.

Die größte Gefahr bei Kübelpflanzen ist ihre Wetterempfindlichkeit. Ihre Wurzeln trocknen im Sommer viel rascher aus als im Boden, und sie frieren im Winter auch stärker. Prüfen Sie auch, ob Pflanzen, die

Buchsbaumkugeln bilden eine untadelige Grenze – einen Kontrast zu den Ecken des Wegs

den ganzen Tag in der Sonne stehen, das aushalten; alle Pflanzen, die laut einem Handbuch Feuchtigkeit oder Schatten lieben (wie Funkien) werden das kaum überstehen. Das Herkunftsland ist ein nützlicher Anhaltspunkt, denn es vermittelt eine Vorstellung von dem Klima, das die Pflanze bevorzugt oder verträgt. Gegen Frost können Sie den Topf in mehrere Lagen Luftpolsterfolie oder ein anderes Isoliermittel wickeln.

SCHNEIDEN UND ZIEHEN

Manche Sträucher besitzen von selbst Struktur, andere müssen in Form gebracht werden. Schneiden und Ziehen sind die Hauptmittel dazu. Die meisten von Natur aus unordentlich wachsenden Sträucher lassen sich dazu bringen, in klareren, plastischeren Formen zu wachsen. Je dichter sie wachsen, desto mehr Erfolg ist Ihnen sicher und desto detaillierter kann die Form sein. Jährlicher Schnitt sorgt für ein dichtes Netz von Zweigen.

Die Ausnahmen bilden Arten mit geradem Wuchs wie *Philadelphus* oder wenig verzweigte Arten, zum Beispiel Rosen. Sträucher mit uninteressantem Blattwerk lohnen das Schneiden nicht, zumal es die Blüten reduziert. Ein Garten, in dem alles sauber und ordentlich beschnitten wurde, egal was es ist, ist ein irritierender Anblick! Großblättrige Arten wie Lorbeer lassen sich zwar beschneiden, doch das Ergebnis ist oft ein Jammer aus abgeschnittenen und zerrissenen Blättern; hier ist es besser, sie nur zu stutzen und auf Geometrie zu verzichten.

Rück- und Formschnitt können zu jeder Jahreszeit erfolgen, außer im Frühling, wenn die Säfte rasch steigen, und bei sehr heißem Wetter und Frost. Generell sollten blühende Sträucher gleich nach der Blüte ausgeschnitten werden, doch wenn Sie im nächsten Jahr Blüten wollen, sollten Sie sich vor dem Schnitt erkundigen, ob die Pflanze aus neuem Wuchs oder aus dem des Vorjahres Blüten treibt.

Bäume und Sträucher, die sich in einfache geometrische Formen schneiden lassen, eignen sich auch als Hecken, deren dichter Wuchs nicht nur eine kräftige Grenze, sondern auch einen attraktiven, matten Hintergrund für den Garten bildet. Zwar haben die verschiedenen Arten unterschiedliche optimale Pflanzabstände, doch als Faustregel gilt: je dichter die Hecke sein soll, desto dichter sollten Sie die Pflanzen setzen (das regelt ihr Breitenwachstum ganz von selbst).

Meist wollen wir, daß Hecken so schnell wie möglich wachsen, daher ist eine gute, tiefe Vorbereitung des Bodens mit Kompost und Nährstoffen notwendig, vielleicht auch jährliches Düngen. Wird die Hecke größer, kann sie durch leichten Rückschnitt zu buschigem Wuchs angeregt werden und wird stärker geschnitten, sobald sie die gewünschten Ausmaße erreicht hat. Danach ist es ratsam, sie einmal im Jahr zu schneiden, um den dichten, verzweigten Wuchs beizubehalten. Eine Leyland-Zypresse muß rigoros zurückgeschnitten werden, vielleicht sogar zweimal jährlich.

Alte Hecken, die ungleichmäßig und undicht geworden sind, auch Lorbeer, Eibe und Buchs, lassen sich meist regenerieren, indem man sie bis ins Holz zurückschneidet und gut düngt, um sie zu neuem Austrieb anzuregen. Diese drastische Operation erfolgt am besten in zwei Phasen, indem man erst die eine und ein Jahr später die zweite Seite ins Holz zurückschneidet.

Ein Zierschnitt geht weit über den Schnitt von Gehölzen in Grundformen hinaus. Da feinere Details erforderlich sind, ist ein dichter, verzweigter Wuchs der gewählten Arten Voraussetzung. Der Haken dieser Wuchsform ist, daß sie meist langsam wächst, das heißt, Sie brauchen Geduld. Eibe und Buchsbaum sind in kühlem, gemäßigten Klima die klassischen Zierschnitt-Materialien, und beide lassen sich mit genug Feuchtigkeit und Nährstoffen zu einem vernünftigen Tempo überreden. Auch die Japaner verwenden einen Buchsbaum, *Buxus microphylla*, und eine Stechpalme, *Ilex crenata*, doch diese wachsen viel langsamer. Als Alternativen eignen sich Geißblatt und Liguster gut. Ihr Ruf, struppig zu wirken, hängt eher damti zusammen, wo und wie sie meist stehen – als arme, ungepflegte Hecken in phantasielosen Vorstadtgärten – als mit ihrem eigentlichen Charakter.

Zierschnitt ist ein komplexes Thema, und ein ernsthafter Einstieg bedarf sorgfältiger Vorbereitung. Kurzgefaßt gibt es zwei Arten des Zugangs: Eine besteht darin, die Pflanze zu betrachten wie der chinesische Jadeschnitzer den Stein, um zu sehen, was ihr Wuchs nahelegt. Ein starker diagonaler Ast könnte ein Hühnerschwanz werden, und ein Zweigbüschel an der Spitze ein Kopf. Der Schnitt geht dann von diesen natürlichen Elementen aus, und die Form tritt allmählich hervor, bei größeren Stücken vielleicht im Laufe von Jahren. Die andere Methode besteht darin, einfache oder komplizierte Drahtformen über die Pflanze zu stülpen und alles abzuschneiden, was herausragt. Ein rundes Stück Draht ist eine gute Hilfe, um eine perfekte Kugel zu schneiden und in Form zu halten.

REGISTER

***Kursiv* gesetzte Zahlen verweisen auf Abbildungen**

PHOTONACHWEISE

Auf den Namen des Photographen folgt der des Ortes oder Gartendesigners

S. 1 Steve Wooster;
S. 2 Jerry Harpur/Eck and Winterowd;
S. 3 Jerry Harpur

Einleitung
S. 7 Steve Wooster;
S. 8 Jerry Harpur/Barnsley House; S. 10Piet Oudolf;
S. 11 Steve Wooster;
S. 12 Steve Wooster (alle);
S. 13 Steve Wooster; S. 14 Jerry Harpur/Eck and Winterowd; S. 15 Jerry Harpur/ Ryoan-Ji Tempel; S. 17 Steve Wooster/ Hadspel House; S. 18–19 Jerry Harpur/Bruce Kelly

Kapitel 1–4
S. 21Jerry Harpur/Nick and Pam Coote; S. 22 Jerry Harpur/Manor House, Bermuda;
S. 23 Andrew Lawson/ The Garden House; S. 24–5 Jerry Harpur/Cranborne Manor;
S. 26-27 Jerry Harpur/Jill Billington; S. 28 Jerry Harpur;
S. 29 Jerry Harpur; S. 30 Andrew Lawson; S. 31 Andrew Lawson;
S. 32 (Duoton) Andrew Lawson, (links) Jerry Harpur/Ryl Nowell;
S. 33 Jerry Harpur/The Dingle, Welshpool; S. 34 Jerry Harpur/ Simon Hopkinson; S. 35 Steve Wooster; S. 36 Noël Kingsbury;
S. 37 Andrew Lawson/Anthony Noel; S. 38 (oben) Steve Wooster/ Beth Chatto Garden, (unten) Steve Wooster, (groß) Andrew Lawson; S. 39 (oben) Andrew Lawson, (unten) Noël Kingsbury; S. 40 (links) Jerry Harpur/Mark Rumary, (Duoton) Jerry Harpur/ Wollerton Old Hall;
S. 41 Jerry Harpur/ Wollerton Old Hall; S. 43 Jerry Harpur/Hatfield House; S. 45 Steve Wooster;
S. 46 Andrew Lawson;
S. 49 Jerry Harpur/ Manor House, Bledlow; S. 50 Jerry Harpur/ Mark Rumary;
S. 52 Andrew Lawson;
S. 53 (Duoton) Jerry Harpur/ Rousham House;
S. 54–5 Piet Oudolf
S. 56 Andrew Lawson/Bickleigh Castle, Devon; S. 58–9 National Trust Photographic Library/ Andrew Lawson/Hidcote, the Winter Garden; S. 60–1 Clive Nichols/ Crathes Castle Garden, Scotland; S. 62 Andrew Lawson;
S. 64–5 Jerry Harpur/ Hatfield House; S. 66 Steve Wooster/ Beth Chatto; S. 67 Piet Oudolf;
S. 68–9 Jerry Harpur/ Manor House, Bledlow; S.71 Steve Wooster; S. 72 Steve Wooster;
S. 73 (Duoton) Steve Wooster
S. 74–5 Jerry Harpur/Butch Joubert; S. 76 Andrew Lawson, (Duoton) Piet Oudolf;
S. 77 Andrew Lawson;
S. 78 (ganz links)Jerry Harpur/ Beth Chatto, (rechts unten) Andrew Lawson, (oben groß) Andrew Lawson;
S. 79 (links) Steve Wooster, (rechts) Andrew Lawson;
S. 80–1 (Duoton) Steve Wooster;
S. 81 Jerry Harpur;
S. 82–3 Jerry Harpur/ Gunilla Pickard; S. 84–5 National Trust Photographic Library/Stephen Robson/ Ham House; S. 87 Jerry Harpur/Saling Lodge, Essex;
S. 88 Jerry Harpur/Great Dixter;
S. 89 Jerry Harpur/Jason Payne;
S. 90 Jerry Harpur/Isobelle Greene; S. 93 Jerry Harpur/ Japanese Stroll Garden; S. 94–5 Jerry Harpur/Ryoan-Ji Tempel;
S. 96 (Duoton) Piet Oudolf/ Van Steeg; S. 97 Andrew Lawson;
S. 98 (oben links) Steve Wooster. (oben Mitte) Jerry Harpur, (rechts) Andrew Lawson, (unten) Steve Wooster;
S. 99 Jerry Harpur/ Lower Hall, Worfield; S. 101 Jerry Harpur/ Dolwen; S. 102 Jerry Harpur/ Joe Eck und Wayne Winterowd;
S. 103 Jerry Harpur.

Pflanzenverzeichnis
Alle Bilder im Pflanzenverzeichnis von Andrew Lawson mit Ausnahme der folgenden:
S. 110 (rechts) Garden Picture Library/Caroline Weymouth, Winbledon;
S. 112 (rechts oben) Jerry Harpur;
S. 121 Jerry Harpur/ Sheila Chapman; S. 123 Harry Smith; S. 135 Garden Picture Library/Linda Burgess.

Anhang
S. 139 Jerry Harpur/ Manor House, Bledlow;
S. 140 Jerry Harpur/ Ryoan-Ji Temple.